知能とはなにか

ヒトとAIのあいだ

田口善弘

講談社現代新書

2763

はじめに

２０２４年度のノーベル物理学賞は、人工知能（ＡＩ）の基盤技術となるニューラルネットワークを考案した科学者の一人ジョン・ホップフィールド（米・プリンストン大学名誉教授）と、それをさらにディープラーニング（深層学習）に発展させたジェフリー・ヒントン（カナダ・トロント大学名誉教授）に与えられた。

この受賞は、世界に衝撃を与えた。というのも、ノーベル物理学賞の対象分野は、宇宙・物性・素粒子・量子光学などの分野に持ち回りで与えられるのが常で、人工知能などの情報系はおよそ対象外とみなされてきたからだ。さらに翌日に発表されたノーベル化学賞では、タンパク質の構造を予測するＡＩモデル「AlphaFold2」の開発で、米グーグルのＡＩ開発部門、Google DeepMindのデミス・ハサビスが受賞した。これまで、ノーベル賞とは全く縁がないと思われてきたＡＩ研究が物理学賞と化学賞で2日連続で受賞したのだから、世界中の科学者たちが驚愕したのは無理もない。

さらに異例だったのが、物理学賞の二人の受賞者が自らの研究分野に対する深刻な懸念を相次いで表明したことだ。ホップフィールドは受賞の会見で「物理学者として私が非常に不安を覚えるのは、制御できないもの、その技術を駆使する際に、限界がどこにあるのかよくわからないものだ」とし、「まさにそれこそがＡＩが突きつけている問題だ」と指摘した。

ChatGPT（以下、チャットＧＰＴ）の基礎技術となる深層学習の生みの親であり、「ＡＩの父」と呼ばれるヒントンも受賞後のインタビューで同様な懸念を示した。

「さまざまな悪影響が制御不能に陥るという脅威も心配しなくてはならない。人間より賢いシステムが生まれ、（私たちを）支配するのではないか」

実は、ヒントンは、人間以上のＡＩが誕生する可能性があり、いずれ人類の存在を脅かす（人間を支配しようとする）可能性がある、という考えを常々表明している。

彼の懸念は主に汎用性を獲得した基盤モデル（後述）登場以後のＡＩに対するものだ。基盤モデル以前のＡＩ（機械学習）はタスクが限定されていた。ＡＩが囲碁や将棋で人類最強の名人を打ち負かしたとしても、他のタスクには使えず、ＡＩが陰謀を考えるなどは荒唐無稽な話だった。しかし、目的を限定しない学習基盤モデルが登場したことで、こうした懸念は絵空事と片付けられなくなっている。

ヒントンは、将来的にＡＩに意識や感覚が宿る可能性があると考えているようだ。同氏は日本経済新聞のインタビューにこう答えている。

「私は50年もの間、ＡＩを人間の脳に近づけようとして開発を重ねてきた。脳のほうが機能的に優れていると信じていたからだ。だが２０２３年に考えを改めた」

「現在の対話型ＡＩは人間の脳の１００分の１の規模でも数千倍の知識がある。おそらく大規模言語モデルは脳よりも効率的に学習できる」

「主観的な経験という観点から説明すると、ＡＩは人間と同じような感覚を持てると考えている」

チャットＧＰＴに代表される生成ＡＩは、機能を限定されることなく、幅広い学習ができる汎用性を持っており、ヒントンが恐れるように、ＡＩが何を学ぶかを人間が制御できなくなってしまうことに対する懸念は私も理解できる。囲碁や将棋に強いＡＩをトレーニングしたつもりが同時に暗殺プランを計画するのにも優れてしまったら、恐ろしいことであるのは間違いない。

しかし、はたしてＡＩが自我を獲得し、自発的に行動して、人類を排除したり、抹殺したりするようになるだろうか。この命題については、実は、私はヒントンに否定的である。少なくとも、私は、現在の生成ＡＩの延長線上には、人類に匹敵する知能と自我を持つ人工知能が誕生することはないと確信している。その理由は、本書の中で追々説明していくが、知能という言葉で一括りにされているが、生成ＡＩと私たち人類の持つ知能とは似て非なるものであるからだ。

そもそも、私たちは「知能とはなにか」ということすら満足に答えることができずにいる。そこで、本書では、曖昧模糊とした「知能」を再定義し、ＡＩと、私たち人類が持つ「脳」という臓器が生み出す「ヒトの知能」との共通点と相違点を整理したうえで、自律的なＡＩが自己フィードバックによる改良を繰り返すことによって、人間を上回る知能が誕生するという「シンギュラリティ」（技術的特異点）に達するという仮説の妥当性を論じていく。

「産業革命に匹敵するような革命的な変化をもたらすといわれる深層学習を考案し、ノーベル物理学賞を受賞した天才の〝警告〟に異議を申し立てるとは不届き千万。いったいお前は何者か」という声が聞こえてきそうなので、簡単に自己紹介をしておく。

私の本職は物理学者で、粉粒体の動力学などの分野で物理シミュレーションを行う研究を20年以上前から始めて、近年は対象を広げてバイオインフォマティクス（生命情報学）を用いたゲノム解析を行っている。詳細な説明は省略するが、いわゆるデータサイエンスを専門とする物理学者と思っていただければ当たらずとも遠からずといえるだろう。

人工知能の研究者でもない一介の物理学者である私がなぜ知能に関係する本を書くにいたったのか。実は、チャットＧＰＴに代表される大規模言語モデル（Large Language model、以下ＬＬＭ）は、その中身（構造）を見る限りでは、20世紀末に物理学者がさんざん研究した「非線形非平衡多自由度系」となんら変わることがないように見えるからだ。意外に思われるかもしれないが、数十年以上前から、畑違いにも思える物理学者たちが、世界を席巻している生成ＡＩに非常に似通ったアプローチで、物理現象を再現するシミュレーションを盛んに研究していたのである。

「非線形非平衡多自由度系」とはその言葉どおり、非線形で、非平衡で、多自由度のもののことだ。このように書いてもチンプンカンプンだろうが、この逆、つまり、線形で平衡で少数自由度のものは理解が簡単である。

「線形」という言葉の意味は、簡単にいうと二つのものが同時に存在すると、その結果は二つのものが別々に存在した場合の重ね合わせで理解できるということである。例えば、電池を二つ直列に繋げると電圧は2倍になるが、これは線形である。もし、二つ繋いだら電圧が3倍になる、あるいは逆に1・5倍にしかならない電池だったら、この電池は非線形である。このように非線形な現象は予測困難であることが多い。

「平衡」は時間変化がないことだ。平衡だからいま見た状態が永遠に続くので、10分後にどうなるかは簡単に答えられる（「変わらない」が答えだ）が、非平衡の場合は時々刻々変わるので、いまの状態を見ても10分後にどうなるかはわからない。

最後に「多自由度」だが、非線形なものがたくさん集まると、自由度が増して何が起きるか全く見当がつかなくなることを意味する。

このように非線形非平衡多自由度系の物理現象は再現や予測が難しく、だからこそ、物理学者が盛んに研究していた。ただし、物理学者たちは、決して知能や人工知能の一種として研究していたわけではなく、極めて数学的で抽象度が高い自然科学の学問領域とみなしていた。それがなぜ知能と関係することになったのか？（あるいは私がなぜ関係すると思うのか）

これについては本編で詳しく説明するが、結論だけを言えば、チャットＧＰＴに代表されるＬＬＭは、前世紀末にさんざん物理学者が研究した非線形非平衡多自由度系であるシミュレーターの亜種と考えることができる。その意味で、ニューラルネットワークと深層学習がノーベル物理学賞を受賞したことは極めて納得できるものだ。

嚙み砕いて説明すれば、チャットＧＰＴなどの生成ＡＩは、膨大なデータを処理、学習することで現実世界をシミュレーションしたものである。実は私たちの脳も、仕組みこそ異なるものの、現実世界をシミュレーションして、脳が認識可能なものに再構築している。まさに知能と呼べるものは、生成ＡＩであれ、人の知能であれ、現実世界のシミュレーターであるという点で共通している。このような見方をすれば、ＬＬＭの登場によって大混乱に陥っている状況を整理して理解できるようになるはずだ。
一方で、ＡＩが自我を獲得し、人間を上回る知性が誕生するというのは「知能」とはまた違う次元の話といえる。非線形非平衡多自由度系のシミュレーターがどのようなもので、どのようなブレイクスルーを通じて汎用性を獲得していったのかが理解できれば、ＡＩが人類のような知能を獲得することがいかに困難であるかが理解できるはずだ。

「知能とはなにか」

本書が掲げる遠大なテーマは、一物理学者である私が答えを軽々に出せるようなものではないが、それでも、なんらかの思考の一助にはなるのではないかと思っている。楽しんでいただければ幸いだ。

目次

コラム

第0章　生成AI狂騒曲

チャットGPT前夜

生成ＡＩと言えばチャットＧＰＴを思い浮かべる向きが多いと思うが、実際にはチャットＧＰＴが発表される２０２２年以前に、すでに大きな動きはあった。ただ、それは一般の人たちが使えるような形では提供されていなかったので、世間で大きな注目を浴びることはなかったのだ。

生成ＡＩの狂騒が始まる前夜、専門家のあいだで大きな話題となっていたアプリケーションが二つあった。それはDALL・E 2[*1]（以下、ダリ2）とLaMDA（以下、ラムダ）である。これらはそれぞれ後の、画像生成ＡＩのStable Diffusionと、人間と自然な対話ができるチャットＧＰＴの前身になるものだ。しかし、話題になったとはいえ、この当時のＡＩに興味がある人々のあいだで話が盛り上がったに過ぎない。

ダリ2は、後にチャットＧＰＴをリリースして一世を風靡するOpenAI（以下、オープンＡＩ）が２０２２年の4月にリリースした、テキストから画像を生成するソフトウェアだ。

例えば、ダリ2は「馬にまたがる宇宙飛行士」というテキストを入力するだけで、あり得ない画像を瞬時に作成できる（**図表0-1**）。当時の報道を見ても「驚きの性能」などの言葉が並び、衝撃の大きさが窺われる。ダリ2はこのようなテクノロジーを実装するのに、

＊1　「DALL・E 2」という名前は、シュールレアリスムの画家「サルバドール・ダリ」およびディズニー＆ピクサーのアニメ映画『ウォーリー』（WALL-E）のキャラクター名が由来とされている。

図表0-1　DALL・E 2がテキストから生成した馬にまたがる宇宙飛行士　（出所）https://openai.com/index/dall-e-2/より転載

拡散モデル（第5章で後述）とCLIPという技術を使って、大量の文字と画像のペアを同じ空間に埋め込み、文字を入れるとそれに対応する画像が生成されるようにした。

ダリ2がすごいのは、学習に使われなかった文章であっても「この文章ならこんな絵なのでは？」と推定して対応する画像を作ってくれることだった。

ただし、ダリ2には二つの大きな問題点があった。一つは文章の解釈と応用力に問題があったこと。誰かが意地悪で「宇宙飛行士にまたがった馬」という入力を行ったが、ダリ2はこれをうまくこなせなかった。あまりにもあり得ない画像だと、似たような画像が十分にないからうまくタスクを実行できない。

もう一つは、技術というより、倫理や権利の問題だ。ダリ2はネットに公開された多くの画像を無断で学習に使っていた。作成された画像が玄人はだしだったため、イラストレーターの失業が懸念された。イラストレーターが作った画像から学習したアプリケーションが当のイラストレーターを失業させるとなると、道義的にも倫理的にも大きな問題があるという提起がなされた。この問題はいまでもくすぶり続けている。

チャットGPT以前に公開されて、（専門家のあいだで）大きな話題を呼んだもう1つのアプリケーションはグーグルが開発したラムダだった。これは外部に公開されることがなかったが、いまでいうところの大規模言語モデル（LLM）であり、人間の会話に特化した転移学習（第2章で後述〈76ページ〉）が施されていた。

人間そっくりのやり取りをしているところが開発者からリークされ、そのあまりの人間臭さに多くの人々が衝撃を受けた。実際、グーグルのエンジニアとのやり取りを見るとかなりリアルである。[*2]

このラムダは、開発者が「AIが自我を獲得した」と主張したことから、「守秘義務に違反する」という理由でグーグルから解雇されたことでも話題を呼んだ。

生成AI元年2022年

Stable Diffusionはダリ2と同じくテキストから静止画を作成するアプリケーションだが、自由にダウンロードして使うことができたため、ダリ2などの競合アプリケーション

＊2　https://cajundiscordian.medium.com/is-lamda-sentient-an-interview-ea64d916d917

に対して大きな優位性を持つことになった。

ダリ2や同種のMidjourneyなどはクラウド上のサーバでしか使えなかったのに対し、Stable Diffusionはダウンロードして誰でも使えたため、たちまちのうちにテキストから画像を作成するアプリケーションのデファクトスタンダードになった。

図表0-2　Stable Diffusionで生成した画像
（出所）https://ja.stability.ai/stable-diffusionより転載

現在、AIで作成した画像とよばれるもののほとんどがStable Diffusionで作成されるようになっており（図表0-2）、先発だったダリ2などは後塵を拝する羽目になった。巷間で伝えられるところでは、この苦い経験が後に、オープンAIがチャットGPTを無料で一般公開する決断を後押ししたと言われている。

いずれにせよ、Stable Diffusionによって、文字を入力しただけでプロのクリエイターが作るような画像を作成できるようになった。自己研鑽を重ねてようやく手に入れたプロの技術を、誰もが簡単に手にする時代が到来したのである。

２０２２年11月30日にはチャットＧＰＴが発表された。無料公開されたこともあり、たった２ヵ月で登録ユーザーは１億人に達した。開発者が自我を持ったと主張して解雇されたラムダばりの会話能力を保持していたため、多くのユーザーがまるで人間と話しているかのような錯覚に陥り、また、簡単なプログラムの作成もこなしたため、世間は騒然となった。Stable Diffusionで始まったＡＩの民主化は、これに追随したチャットＧＰＴが誰でも無料で使える形で公開されたため本格的なものになった。

続く喧噪（２０２３〜２０２４年）

ここまでは静止画と文章を生成するだけの生成ＡＩであったが、２０２３年になるとそれを超えた動きが本格化した。それは音楽と動画の世界で起こった。なかでもｓｕｎｏＡＩは文章を入れると歌唱付きの楽曲を生成できるアプリケーションで、ブラウザから誰でも自由に使える形で提供されたため非常に多くの話題を呼んだ。いつも思いどおりのものができるわけではないが、10回くらい試せばミュージシャンが普通に作詞作曲したと偽っても遜色のないような楽曲が作成される。画像生成ＡＩやチャットＧＰＴはイラストレーターやライターを失業させると言われたが、ｓｕｎｏＡＩは音楽家を失職させるのではないかということで大きな話題を呼んだ。

２０２４年はオープンＡＩが開発したＳｏｒａの公開で幕を開けた。Ｓｏｒａはテキストから動画を創るアプリケーションだった。従来も似たようなアプリケーションは存在したが、フレーム（コマ）の連続性に難があり、背景がちらつくなどの問題があった。Ｓｏｒａは1分までの長尺の動画が作成できるにもかかわらず、背景にも揺らぎがなく、実写のようなリアルな動画（**図表０－３**）が作成できたために衝撃が走った。

図表0-3　オープンAIが開発したSoraが生成した動画

（出所）https://openai.com/index/sora/ より転載

動画を生成するにあたって入力された要望（プロンプト）の日本語訳は以下のとおり。

「温かく光るネオンとアニメーションの街の看板で埋め尽くされた東京の通りを歩くスタイリッシュな女性。黒いレザージャケットに赤いロングドレス、黒いブーツを履き、黒いハンドバッグを持っている。サングラスに赤い口紅。彼女は自信に満ち、さりげなく歩いている。通りは湿っていて反射し、色とりどりのライトの鏡のような効果を生み出している。多くの歩行者が歩いている」

　その後、Ｓｏｒａに競合する数多くの動画生成サイトが公開された。２０２５年１月現在、もはや、私も最良の動画生成サイトはどれですか、と言われても答えられないし、発表当初のＳｏｒａに比べても動画の精度も作れる長さも圧倒的になり、これでは映画が作れる日も近いのではという勢いだ。

2024年はGPT-4oとo1というチャットGPTの二つの後継の生成AIが発表された。GPT-4oは知識系の問題に強く、「都市国家アテネが成功した理由は何ですか?」という問いを打ち込むと、瞬時に次のような回答を返してくる。

・地理的条件:アテネは自然に防御された地形にあり、海に近いため、貿易や航海が盛んでした。これにより経済が発展し、外部との交流が活発化しました。
・民主主義の発展:アテネは世界初の民主主義を導入し、市民が政治に参加できる仕組みを作りました。この制度は市民の活力を引き出し、政治的安定をもたらしました。
・文化と教育:アテネは哲学、文学、芸術の中心地となり、多くの著名な思想家(ソクラテス、プラトン、アリストテレスなど)を輩出しました。この文化的な繁栄は市民の誇りとアイデンティティを高めました。
・軍事力:アテネは強力な海軍を持ち、ペルシア戦争での勝利(マラトンの戦い、サラミスの海戦など)により、その地位を確立しました。これにより、他の都市国家に対する影響力も増しました。
・商業と経済の発展:貿易が盛んであり、アテネは富を蓄積し、商業活動が活発でした。これにより、経済的な基盤が強化されました。

これらの要因が組み合わさって、アテネは繁栄し、古代ギリシャの中でも特に重要な都市国家となりました。注：回答結果は毎回異なる

残念ながら、私に同じ質問をされてもこのような模範的な回答を返すことはできない。一方、o1は演繹系の問い（鶴亀算のような問題）に適しているとされ、その分だけチャットGPTより大きく性能が向上している（注：2024年12月にo1はバージョンアップされ知識系の問題でも4oを凌駕する性能を出すようになった）。

チャットGPTが誕生してからわずか一年あまりで、生成AIは長足の進歩を遂げ、まさに百花繚乱という様相を呈している。このような驚異的な進化を見ていると、AIが自我を獲得するのも時間の問題という気もしてくる。しかしながら、実は話はそう単純ではないのだ。次章では、人工知能の研究の歴史をたどりながら、この問題を掘り下げて考えていきたい。

コラム GPUと生成AI

生成AIが一世を風靡してから多くの新興企業が誕生した。なかでもチャットGPTをリリースしたオープンAIの時価総額は1500億ドル（日本円で22兆円超、2024年10月10日時点の株価と為替レートで計算、以下同）だと報じられて大きな衝撃が走った（ちなみにトヨタの時価総額は2000億ドル程度である）。だが、上には上がいる。AI産業の最大の勝ち組NVIDIA（以下、エヌビディア）の時価総額は3兆ドルで、オープンAIの実に20倍である。

エヌビディアとはどんな会社で、なぜオープンAIをはるかにしのぐ高い時価総額を誇っているのか？ それはエヌビディアが生成AIの作成に不可欠なGPUのメーカーだからだ。

GPUはGraphics Processing Unitの略で、なぜ生成AIなのにGraphicsなのかと思うかもしれない。これには深い事情がある。実はいま主流のコンピュータというのはスーパーコンピュータからスマホまで、基本的に整数の演算しかできない。

「そんなバカなことがあるか。スマホに入っている電卓だって小数の計算ができる」と思うかもしれないが、あれは小数の計算をしているふりをしているだけで実際は整数の計算をしている。簡単にいうと0・1と0・2の足し算をするときは10倍にして1と2にしてから3を出し、表示するときに10で割って0・3を表示しているだけなのである。目に見えないところで、こういう面倒な処理をしているので、普通のコンピュータは小数の計算が遅い。

しかし、現実世界は物理学が支配している。物理学に登場する値は、小数だらけだ。生成AIは現実のシミュレーターそのものなので、当然、小数の計算を大量にこなさなければならない。

この難問を解決して、生成AIに飛躍をもたらしたのがGPUだ。実は生成AI以前から「現実」をシミュレートすることを迫られているものがあった。それはコンピュータゲームである。

あたかも3次元空間をさまよい歩いているかのような動画をリアルタイムで生成することは、通常のコンピュータではスペック不足で不可能だ。そこでメーカーは、グラフィックスを計算するためだけの回路を持つ特別なGPUを組み込んでシミュレーションを行わせたのだ。この小数演算に特化したGPUの存在をめざとい研究者が見逃すはずもなく、またたく間に深層学習での演算に広く用いられるようになった。

実際、深層学習の画像コンテストで並みいる専門家の開発したソフトを押さえて、圧倒的な成績をあげたソフトであるAlexNetが動作するハードウェアにも多数のGPUが使われていた。

生成AIにGPUが使われているのは、まさにこの本で結論付けたように生成AIが現実のシミュレーターだからであり、ゲームのために現実のシミュレーターとしての実績があったGPUが採用されたのは歴史の必然といえるだろう。

GPUが重宝されるもう一つの理由としては大きなメモリを保持していて、それらに多数の演算ユニット（コア、と呼ばれる。往々にして1000個以上）が繋がっていて同時に計算できることがある。数が増えたからといって、その分単純に速くなるとは一概には言えない（データの転送やメモリへの蓄積、メモリからの読み出しにも時間がかかる）が、それでも潜在的には1000倍速くなる可能性がある。結論をまとめると、GPUが生成AIに多用されるのは、

1　小数（厳密には実数というべきだ）の演算が速い

2　並列計算で加速できる

の2点があるからである。まさに大量のデータを高速に扱えることがいまの生成AIブームをもたらしているのであり、それなしにはこの世界はあり得なかった。

第1章　過去の知能研究

そもそも「知能とはなにか？」

現在、人類は脳（大脳）がどのようにして知能を生み出しているかを理解していない。もっというなら（脳の機能としての）知能とはなにかを定義することさえできていない。

実際、学会の専門誌には「知能 inteligence は高等な抽象的思考能力、学習能力、新しい環境への適応能力と関係する高次認知機能の総称といわれているが、明確な定義はない」（前川喜平「高次機能―知能の発達」バイオメカニズム学会誌／32巻、2008年2号、74〜82頁）と堂々と書かれている。研究者のあいだで、知能は脳の新皮質で生み出されていることは合意されているが「新皮質と知能については、一般に認められているパラダイムはない。新皮質が何をするのか、あるいは、どんな疑問に答えようとするべきかさえ、ほとんど意見がまとまらない」（ジェフ・ホーキンス『脳は世界をどう見ているのか』2022年、148頁）という混沌とした状況なのだ。

知能が脳にあることには合意があるのに、知能とはどういうものかという定義もなければ、なぜ、知能が実現しているかの定義もないというのはいったい全体どういうことだろうか？

唐突に「新皮質」のような専門用語から始めてもわかりにくいと思うので、まずは基礎

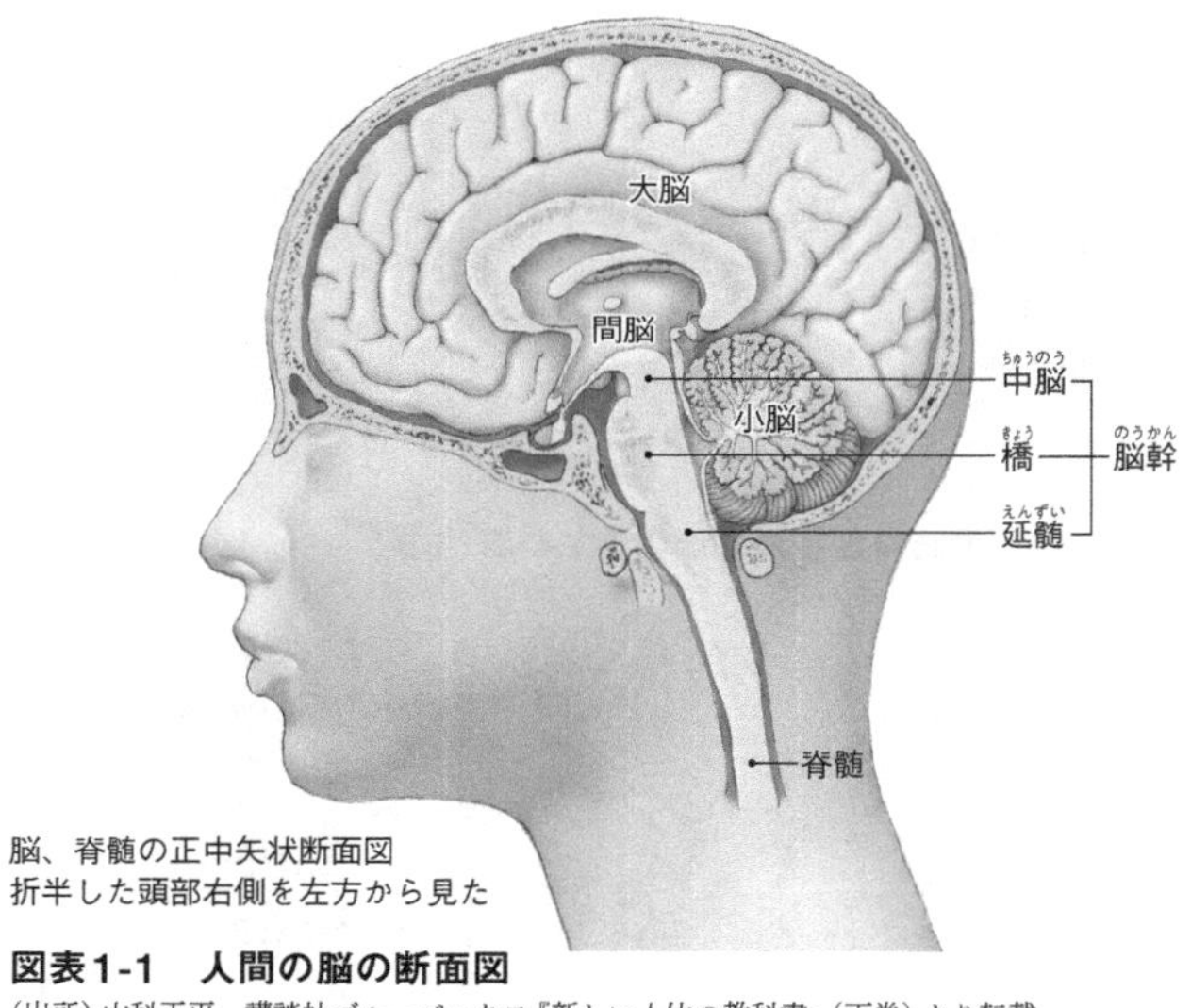

図表1-1　人間の脳の断面図

（出所）山科正平、講談社ブルーバックス『新しい人体の教科書』（下巻）より転載

的な知識の説明から始めたい。**図表1-1**は人間の脳の断面図である。脳は大きく分けると大脳、間脳、中脳、橋、小脳、延髄などからなっている。これらの中で、大脳と小脳はそれぞれ、知能と運動機能を司っていると信じられている。

間脳は、視床、視床下部などから成り立っている。視床は感覚系の神経を中継するところ、視床下部は、自律神経や内分泌の中枢として機能している。中脳は、視覚反射、瞳孔反射、眼球運動を担当。橋は、運動に関する情報を大脳から小脳に伝える役割。延髄は循環の中枢をはじめ、呼吸、嘔吐、嚥下、消化などの中枢を含み、生命維持に不可欠な機能を担っている。要するに人間が意識的に操作で

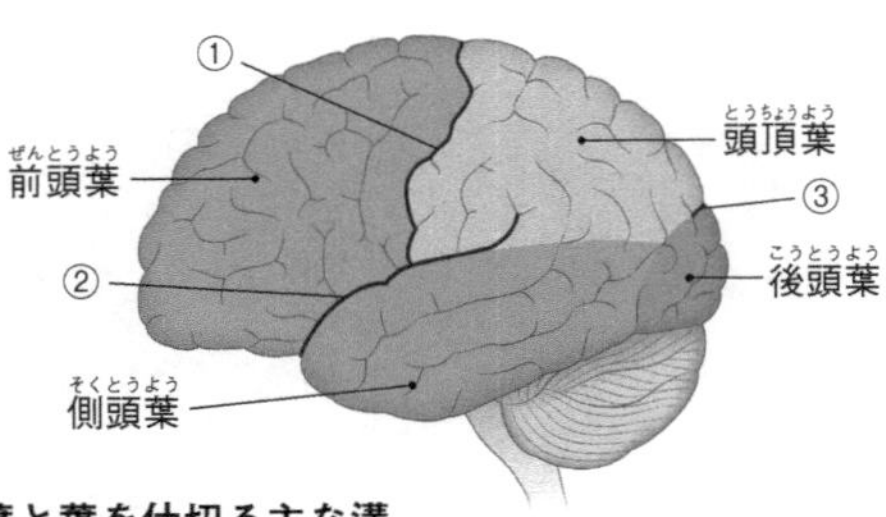

図表1-2　大脳の葉と葉を仕切る主な溝
（出所）山科正平、講談社ブルーバックス『新しい人体の教科書』（下巻）より転載

きる部分に関係しているのは大脳と小脳である。
図表1-2は大脳新皮質の大まかな構造である。この図ではよくわからないと思うが、大脳新皮質は人間の脳を外側からすっぽり包むような膜状の構造をしており、本書で考察の対象とする知能は前頭葉と呼ばれる部分にあると信じられている。

前述のように人間は知能の定義さえちゃんとできていないのだが、それは「人間は、知能が脳にあるといかにして認識したか」という歴史を振り返るとわかりやすい。

大昔は、もちろん、知能が脳の機能だということを人間は知らなかった。よく漫画などで心がハートマークで描かれることがあるように（知能を含むと思われる）心は心臓にあると思われていたようだ（紀元前1700年頃のエジプト時代）。それが古代ギリシャ時代になるとやっと心は脳の機能だという見解が出始める。これを最初に唱えたのはギリシャの医者であるヒポクラテス（紀元前460年頃—紀元前370年頃）だったと言われる。彼は当時は原因不明だったてんかんの原因が、心臓ではなく脳にあることを指摘し、その結果、心が脳の機能であると唱え始めた。ヒポクラテスは解剖学的な見地から耳や目などの感覚器が脳に繋がっていることから、「脳が目や耳からの情報を集約している」＝「心が脳にある」と結論付けた、とされる。

不幸な事故から加速した「脳の機能研究」

脳が心を担っていることはこのようにかなり早くから知られていたものの、他の臓器と違い、脳がどのように働いているかを調べることは困難を極めた。消化器や循環器なら解剖するなどして、生理学的な研究や臓器を構成する細胞の分子生物学的研究を積み重ねることで、構造と機能の関係がかなり詳しくわかってきたが、脳をいくら解剖してもどのように「心」を作り出しているかはわからなかったからだ。そもそも「心」の実体すらわからず、脳は見た目には、のっぺりとした塊にしか見えず、よく見れば構造はあるとはいうものの、脳を見ただけではどこが何をやっているか杳(よう)として知れない。

この状況を打開したきっかけの一つは不幸な事故だった、と言われている。かなり有名な逸話だが紹介しよう。

米国のフィネアス・ゲージという建築技師が、作業中の事故で鉄棒が頭部を貫通すると

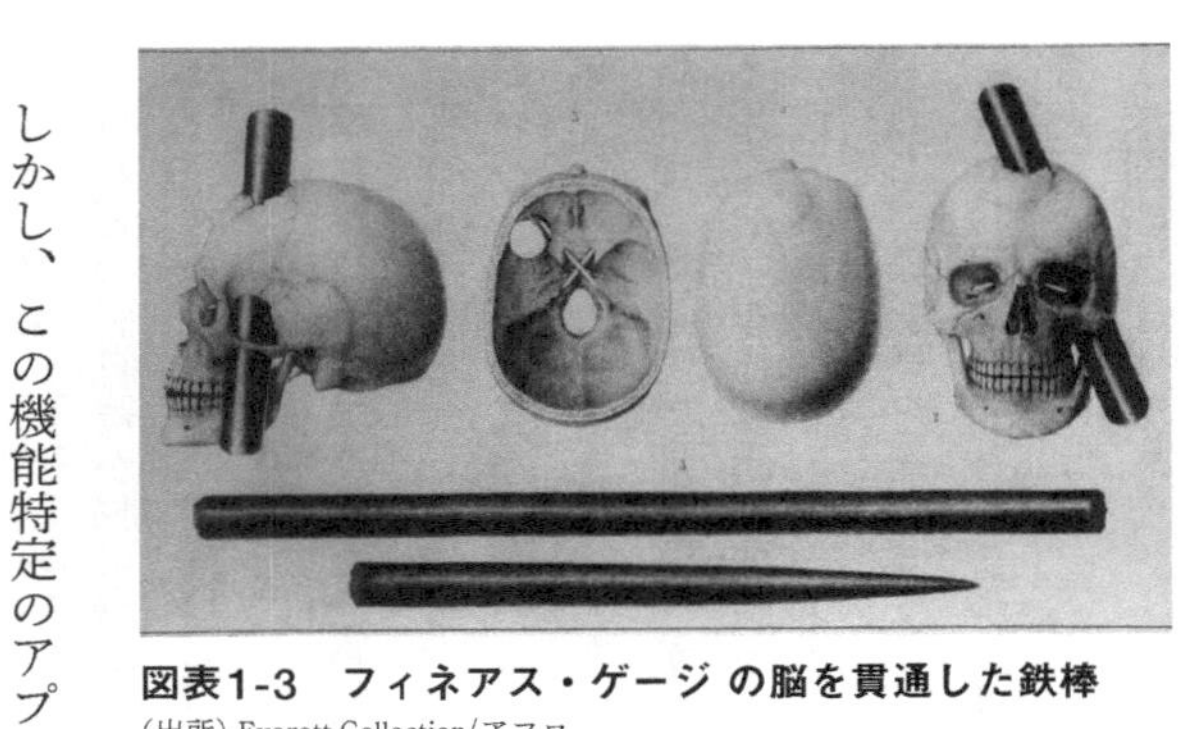
図表1-3　フィネアス・ゲージの脳を貫通した鉄棒
（出所）Everett Collection/アフロ

いう瀕死の重傷で、前頭前野に広く損傷を受けた（**図表1-3**）。ゲージは仕事熱心で責任感も強く、会社や同僚からも高く評価されていたが、事故後、発作的で乱暴な振る舞いが増えて、家族や知人から「もはやゲージではない」と言われるほどの人格変容が起きた。

前頭葉を損傷したことで性格が激変したことは、情動を制御する中枢がこの部位にあることを強く示唆する。ゲージの事故が嚆矢となり、脳の機能研究が一気に進んだとされている。実験動物の脳に損傷を加えたり、被験者の脳に電気刺激を加えたりすることで脳のどの部位がどんな機能を担っているのか、実験的に決められるようになったのだ。

脳の機能特定に立ちはだかる根本的な問題とは

しかし、この機能特定のアプローチには根本的な問題があるのは明らかだ。実際に観測しているのは知能そのものではなく、知能が作用した結果に過ぎない。ゲージの例で言えば、実際に情動の不安定さが観測されたのではなく、厳密には情動が不安定になった場合に観測されるであろう行動が観測されたに過ぎない。にもかかわらず、この観測から「前頭葉が情動に関わっている」と結論付けてしまった。

もちろん情動そのものを観測することはできないのだから、このやり方はおかしくないように見える。しかし、結果的にこのような方法は「知能」を知能そのものではなく「知能が働いた場合の行動の変化」で定義せざるを得ない、という問題を看過したことになった。以下に見るように、これが生成ＡＩで知能まがいの機能が実現した現在において大きな混乱の原因になっている。

このような研究はオプトジェネティクス（光遺伝学）という技術を使ってより精密化している。詳細な説明は省くが、オプトジェネティクスは「光照射のオンオフによって、機能を知りたい細胞の活動をミリ秒単位で精緻に操作する技術」である。この技術を使って脳細胞を細胞単位で制御し、サルの手を動かすというようなことまでできている。だがそれでもまだ「脳のどの部位が何をしているのか？」という「場所と機能の関係づけ」が精緻化されただけであり、ここまできてもまだ、実際に脳がどのように働いているのか解明にはほど遠いのが現状である。

このように書くと脳の研究が全然進展していないみたいで、脳の研究を生業とされてい

＊1　https://www.med.keio.ac.jp/features/2024/1/8-156303/index.html

る皆さんの逆鱗に触れそうだが、もちろんそんなことはない。先に紹介したのは脳細胞に直接関与する侵襲型の研究だが、実際には非侵襲的な脳研究が膨大にある。

非侵襲的な脳研究とは脳の外部から脳細胞の状態を計測する方法で、健康診断でもおなじみのX線撮影とか超音波断層診断装置のようなものを思い浮かべるとわかりやすい。もっとも、X線や超音波は主に臓器の構造を調べるための観測手段だが、先に述べたとおり、脳はのっぺりとした構造性に乏しい器官なので、これらの観測手段はあまり役に立たない。脳を非侵襲に研究しようと思ったら構造ではなく活動度を計測できる手段でなければならない。

脳の活動度を非侵襲的に計測する手段は実のところかなりたくさんある。有名なところだと脳波（EEG）、MRIやNIRSがある。

脳波は、脳から出てくる電磁気的な活動で、これは脳神経細胞であるニューロンが電気化学的な素子であり、ニューロンの活性化が電気的な活動を伴うことから発生するものだ。脳波と脳の機能の関係については膨大な研究がある。例えば、脳波はその周波数によりβ波（14〜30Hz）、α波（8〜13Hz）、θ波（4〜7Hz）、δ波（0・5〜3Hz）に分類され、「覚醒時はα波が活性化されるが睡眠時は低下する」など、脳波と脳の状態（機能）との関係はよく知られている。

ＭＲＩは、核磁気共鳴という難しい技術で脳の活動度を測るもので、表面でしか観測できない脳波と違って、脳の内部を断層診断的に観測できる。ｆＭＲＩが主に観測しているのは「水の動き＝血流」で、血流が激しいところは脳が活動しているという仮定のもとに、脳に様々な外部刺激を与えたときや人間がいろいろな作業をしているときに、脳のどの部位が活性化しているかを調べる。

ＮＩＲＳは、脳から出る近赤外線を観測する技術で、脳波と同じように脳の表面でしか観測できないが、時間分解能に優れるが、局所性には劣るＥＥＧ（電気的な活動を測るのでＥＥＧでは計測部位から遠い場所の脳の活動も一緒に測ってしまう）に対して、空間分解能に優れる（センサーを張り付けた部位の特異的な観測が可能）計測手段である。

ある物理学者が発した根本的な問いかけ

これらの非侵襲的な手段で脳の機能部位ごとの観測は非常に進んだ。最近は前述の機械学習の力を援用して、これらの非侵襲な観測データから人間が何を考えているかを予測する（誤解を招く言い方になるが読心やテレパシーを可能にした技術と思うとわかりやすい）まで開発されている（コラム「ブレインマシーンインターフェース」〈97ページ〉参照）。これらの非侵襲な計測が人間の脳活動を記述するには十分な情報を持っているのは間違いないのだが、残念ながら計測されたデータから脳が知能をどうやって実現しているかの研究はあまり進んでいるとはいえない。

それは、とある高名な非線形物理学の権威（彼は当時の脳研究の方向性には否定的だった）が、私に言ったこんな言葉に象徴されるだろう。

「コンピュータにMRIをかけたら動作原理がわかるかということを考えたら、こういう研究で知能の理解が進むかというと疑問を感じざるを得ない」

決して膨大な脳科学者の努力を貶める意図はなかったと思うし、公の場でこの意見をこの方が表明されることは決してないと思うので、お名前の公表は控えさせてもらうが、「非侵襲な研究といえども、脳の各部位が「活動しているか否か」の判定をしているだけでどんな機能を担っているかは解明できない。その点では、侵襲的な手法と何も変わることがないから、非侵襲な手法を使えば理解が深まると考えるのは早計だろう」という意見なんだろうと勝手に思っている。

できないなら作ってみせよう「人工知能」

このように「脳の機能」として知能を研究しているあいだは知能の本質に迫ることはなかなかできないように感じられる。実際、知能研究では、こうした状況が現在に至るまで続いており、これが本章の冒頭で述べた、知能とはなにかさえ人間がうまく定義できないまま今日に至っている状況の元凶であるように思われる。だが、この状況の打開策（?）は意外な方向から、しかもかなり前から登場している。

それはコンピュータである。初期のコンピュータはごく簡単なプログラミングしかできなかったが、それでも様々な知的な作業をこなすことができた。「これを用いたら人工知能を作ることができるだろう」と考える科学者が現れるのは時間の問題だった。

早くも１９５６年に開催されたダートマス会議で初めて、人間のように考える機械が「人工知能」と名付けられ、世界的な研究が始まった。世界初の汎用コンピュータとされるＥＮＩＡＣの開発が１９４６年だから、そのわずか10年後には人工知能の研究が世界規模で始まっていたことになる。言い方は悪いかもしれないが、脳そのものの研究では知能とはなにかを理解するのが難しい状況でコンピュータを用いた「知能（とはなにか）」の研究に世界中の科学者が一筋の光を見出して興奮にかられ一斉に駆け出した、と言ったら言い過ぎだろうか。

だから、人工知能の研究は、単に人工的に知能を作り出そうという工学的な目的に留まらず、人工知能の作成を通じて、知能がいかにして出現するかを解明することも大きな目標だった。

人工知能研究者が犯した二重の間違い

この点は普通の研究とはちょっと異なっている。例えば、人工心臓を開発しようとする研究は、あくまで心臓を代替するなんらかの機械装置を作ることが目的なのであって、心臓の働きを理解することは目的ではないだろう。もちろん、実際に人工心臓を作っていく中で「そうだったのか、気付かなかった！」みたいな心臓に対する理解が深まるような契機もないわけではないだろうが、一般にはそれは副産物に過ぎないだろう。あなたが「心臓の働きがよくわからないから人工心臓を開発します」などと言ったら、周囲から「もっと詳細に心臓という臓器そのものの研究をしたほうが心臓自体の理解は高まるでしょう」とか「人工心臓の研究で心臓の機能を研究するというのは本末転倒でしょう」、と言われてしまうだろう。

これとは対照的に、人工知能の研究では、脳を研究しても知能がわからない以上、実際に知能を作ってみればなぜ知能が出現するのか、どのような仕組みで脳の中で知能が発揮されているのかという問題が解決されるのでは、と期待されていた。しかし、この方向性はあとからみると二重の意味で間違っていたと考えられる。

まず、実際に知能ができたかどうかの確認ができない。脳の研究から知能とはなにかがわからなかった以上、人工知能が知能を実現しているかどうかの確認をすることなど不可能なはずだ（定義がないものの達成を確認することは不可能である）。そもそも実体のわからないものを作ったら理解できるというのは典型的なトートロジーでしかない。

彼らもその点は理解していたはずだ。実際に作ってみれば、知能のよい定義も自然と生まれてくるだろうという強い期待があったのだと思うし、実際それを目指したからこそ、人工知能研究は単に知能を工学的に作るという応用的な研究に留まらず、知能とはなにかということを研究する理学的な分野としても立ち上がったのだろう。

チューリングテストの限界

だが、一方でもしこの「実際に作ってみれば知能のよい定義も自然と生まれてくるだろう」が果たされなかった場合には、人工知能が実現しているかどうかのテストは、脳の機能の研究と同じく「人工知能が実際に知能を実現していたら果たすことができるであろう機能」が実現しているかどうかで判定することになる。

この典型例はいわゆるチューリングテストである。チューリングテストは人工知能の開発過程で実際に人工知能が完成したかどうかの試験として数学者のチューリングが提案したもので、平たく言えば「人間と会話させて、人間が人間と区別できなければ人工知能が完成したとみなす」というものだ。しかし、チューリングテストには（当初から指摘されていた）重大な瑕疵がある。確かに知能が実現すればチューリングテストをパスできるだろうが、チューリングテストをパスできたからといって知能を実現しているとは限らないからだ。

実際、チューリングテストの裏には「知能を使って発揮されている機能は知能なしには実現できない（はず）」という暗黙の仮定が含まれている。もし、知能がないと実現できないと思われている機能が知能なしにできるとしたら、チューリングテストはたちまち破綻する。

人工知能研究が立ち上がって10年もたたないうちにELIZA（以下、イライザ）というシステムが考案された。これは当時の非力なコンピュータの上で実現したものなので、当然、製作者はこれで人工知能が実現したなどとは露ほども思っていなかっただろう。にもかかわらず多くの被験者がイライザを人間と誤認したのだ。イライザは単純なシステムで、答えに窮したら「〇〇ってどういう意味ですか？」と聞き返すだけの胡乱なものだったのだが、それでも人間はイライザの裏に知能があると感じてしまったのだ。

これは、近年のチャットＧＰＴをめぐる喧騒を彷彿させるものがある。２０２２年11月、チャットＧＰＴの発表直後には、あきらかにチューリングテストをパスしているような洗練されたやり取りに騒然となったが、ほどなくして多くの人がチャットGPTを使うようになると「チューリングテストをパスしている（ように見える）からこれは人工知能の完成だ」と主張する向きは急速に減少したように見える。

この状況を我々はどのように総括すべきだろうか。LLMは知能を実現したのだろうか？　実現したとしたら、我々は知能とはなにかを理解したのだろうか？　本書ではこれらのことを精査していきたいと思う。

人工知能はプログラムだけで実現できるのか？

前述のようにコンピュータの開発からほどなくして、人工知能研究が世界的な規模で開始された。当初のこの人工知能研究の主流はいまでは古典的記号処理パラダイムと呼ばれるものである。これが人工知能研究の二つめの誤りであった（あくまで後知恵であり、当時、私がその分野の研究者だったら、新しもの好きだったせいもあり古典的記号処理パラダイムに飛びついただろう）。

これは簡単に言うと、人工知能はプログラムで実行できるという考え方である。人工知能がプログラムで実行できるとはどういうことか。現在、我々がコンピュータと呼んでいるものは、別名電子計算機と呼ばれているように電子回路に基づいたものであり、半導体の微細加工技術によって作られている。半導体がどういうものかということを説明することはこの本の範囲を越えるが、ようするに基本的な論理演算を実行するように作られた電子回路ということになる。

ここで言っている「基本的な論理演算」とはなにか？　簡単に言うと「または」と「かつ」を用いた命題の真偽の判断ということになる。例えば「今日は晴れ」という命題Aと「昨日投げた下駄が表」という命題Bを考えよう。昨日投げた下駄が表で今日は晴れていれば「AかつB」も「AまたはB」も真であるが、今日の天気が雨だったら「AかつB」は偽だが、「AまたはB」は真とかいうものである。なぜこのような単純な仕組みで知能が実現できると思えるのか不思議に思うかもしれないが、我々の周囲にある「コンピュータ」と名前がついているものは、電卓からスマホ、世界最高のスーパーコンピュータに至るまで、ことごとくこの論理演算「だけ」で動いている。

論理演算は真と偽という2状態しかいらないので二進数、つまり0と1で書くことができる。1を真、0を偽に割り当てれば「今日は晴れ」という命題をA、昨日投げた下駄が表という命題はBとしたとき、今日は雨だが（命題Aは偽）、下駄は表だった（命題Bは真）ので、AかつBは偽」というややこしい文章は、すっきり「0（＝命題Aが偽であることを表す）かつ1（＝命題Bが真であることを表す）＝0」と書くことができる。つまり、1と0という二進数だけで複雑な論理演算を全部記述可能だということである。高度な電子計算機の機能もいくら複雑に見えても、元をたどるとこの論理演算で構成されている。

非常に複雑な演算が単純な論理演算で実際に実行できることをコンピュータの発明で目の当たりにした人類が、人間の知能もこれで実現できると考えて人工知能という研究分野を立ち上げたのは理の当然だろう。

実はいろいろあったコンピュータの形

ただ、後知恵で考えると、ここには大変な論理の飛躍があったように思う。それはハードとソフトの分離可能性である。実はコンピュータの同義語が電子計算機という名前になってしまっているのは一種の誤謬(ごびゅう)である。なぜなら、コンピュータは別に電子回路で作らないといけないわけではないからだ。実際、いまの計算機は前述のように半導体を用いて作られているが、初期の電子計算機は真空管という全く別のデバイスを用いて作られていた。

真空管というのはいまではすっかり見なくなってしまったが、私が子供だったころはどこの家庭でも見かけるありふれた電子部品だった。テレビ（といってもいまの液晶テレビじゃなく一昔前のブラウン管テレビ）の裏側の板を外すと中には真空管がいっぱい刺さった回路板

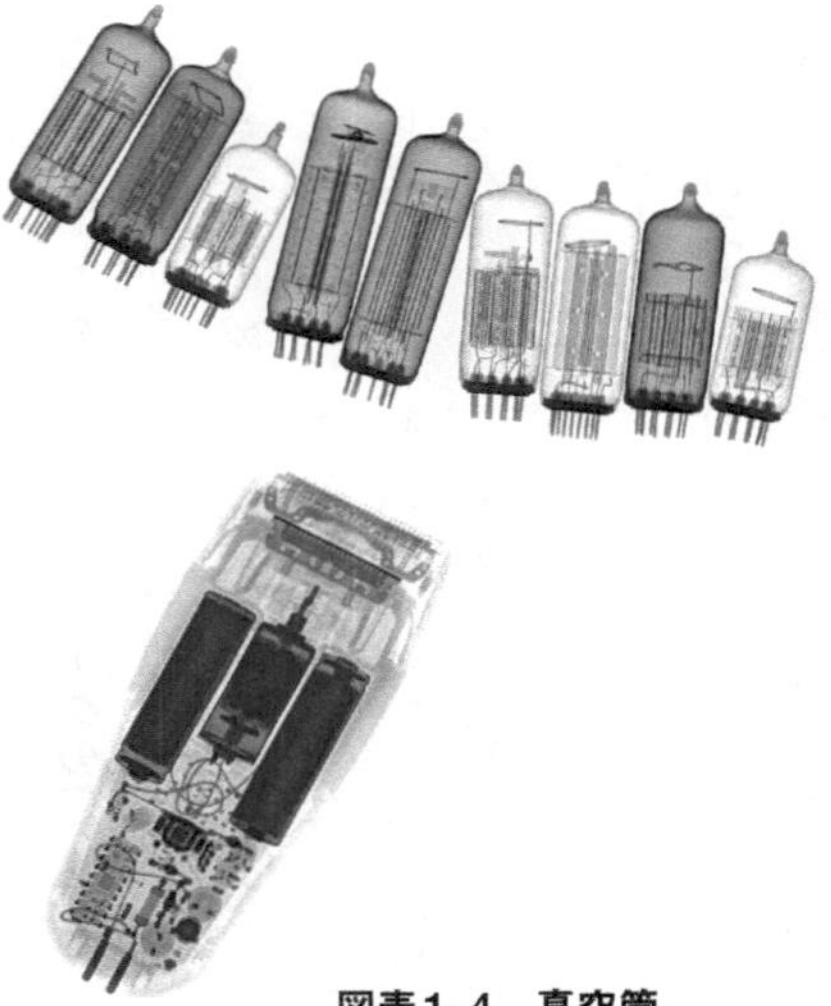

が鎮座していたものだ。家に真空管（図表1-4）が一本もないという家はおそらく、テレビもラジオもステレオ（昔は音楽を聴くのにかなり大掛かりな装置が必要でそれをステレオと呼んでいた）もない家だけだっただろう。

図表1-4　真空管
（出所）Science Photo Library/アフロ

真空管は概略を述べると電子的に電流の大きさを制御する部品である。一定の電圧下で流れる電流を制御するにはオームの法則を援用して回路の電気抵抗をコントロールすればいいのであるが、電気抵抗は簡単には制御できず、どうしても物理的な構成を変えないといけないという問題があり、電気的な制御だけでやろうとすると無理がある。

真空管はこの点、真空を移動する電子の流れを、外から電場をかけて制御する方法で、これだったら簡単に電流の量を制御できる（これ以上に詳しい説明は横道にそれ過ぎるので興味があったら類書をご覧いただきたい）。

これに対して半導体はその名のとおり「導体」という電気が流れる状態と「絶縁体」という電気が流れない状態の中間の状態の物質なので、これに微小な電圧を付加的にかけることで真空管と同じような電流の制御ができる。そのうえ、物性科学で作られているため顕微鏡サイズの微細加工で製造でき、真空管よりもはるかに小さなサイズになる。その結果、電化製品やコンピュータの小型化が進んだ。

真空管が半導体に置き換えられた理由はいろいろあるが、例えば集積度（論理演算を実行する回路をどこまで小さくできるか）の点で半導体が真空管に対して圧倒的に有利だったことによる。逆に言うとそういうことを気にしなければ、べつに電子回路でコンピュータを作らないといけないということはない。

世界初のプログラム可能なコンピュータの構想として有名なバベッジの階差機関は、電子回路など夢想もできない時代の代物なので、当然、動力を伝達するベルトと歯車で作られていた（完成はしなかったが後年実際に実機が作られて動くことが確認されている）。また、ドイツ軍が使った暗号機として有名なエニグマはまさに歯車を使った計算機とでも呼べるもので、実際、その解読に、前述のチューリングは当時できたばかりの「本物の」電気機械式（電子ではない！）計算機（これはなぜかボンベと呼ばれたそうだ）で挑んだくらいだ。

余談となるが日本人も当時、パラメトロンという微細な磁石を論理素子に使った計算機を構想し、実際に動作する実機まで製作されたそうだ。だが、計算速度の点で電子計算機に対抗できず、世間に普及することはなかった。この例もいわゆる当時のコンピュータはハードとソフトが完全に分離していたことを示す傍証としては意味があるだろう。

古典的記号処理パラダイムの敗北

この脳という人間の器官で実現している知能という機能が、脳というハードとは独立にソフトウェア「だけ」で実現できるというコンピュータでも実現できると考えたところに、後知恵になってしまうが、大きな飛躍があったと思う。もちろん、脳がどのように機能して知能を実現しているかが精緻に理解されていたとしても、その理解に基づいて同じものを作ろうとしてもうまくいくとは限らないが、わからないのに作ろうとするとより大きな困難に直面する可能性がある。

実際、この古典的記号処理パラダイムは１９８０年代にはかなりの行き詰まりを見せていた。なぜこれがだめだったかというと、平たく言うと「どうしてもうまくいかなかったから」ということに尽きる。古典的記号処理パラダイムで知能が実現できないという証明はないと思うが、命題の論理演算の延長上にある古典的記号処理パラダイムではどうしても知能を実現できなかった。

難しい「常識」の習得

人工知能研究が始まった当初は、難しいのは高度な知的作業、例えば、チェスで人間に勝つ、などだと思われていたが、実際に研究が進むと難しいのはそこではなく、人工知能に「常識」を持たせることだということが判明した。いわゆる「モラベックのパラドックス」であり、高度な知性に基づく推論より本能に基づく運動スキルや知覚を身に付けるほうが難しいということを意味し、１９８０年代にハンス・モラベック、ロドニー・ブルックス、マービン・ミンスキーが提唱した。

この「常識」というのは純粋な論理からでは導き出せない、経験に基づく仮説の集合である。例えば、道の真ん中に光を反射していない黒い円があったとしよう。この黒い円の正体の候補は無限にありうる。光を全く反射しない特殊な塗料で塗られた円なのかもしれない。あるいは、未知のまっ平らなペチャンコの漆黒の宇宙生命体が着地し、降り注ぐ光エネルギーを吸収しているのかもしれない。だが、「常識」で考えて、我々が地面の真ん中に漆黒の円を見たときに思い浮かべるのは「穴が開いている」か「なにかの影になっている」のどちらかだろう。

だが、人工知能にこの手の常識を持たせることは困難を極めた。すべてを論理演算で賄わないといけない古典的記号処理パラダイムでは「道の真ん中にある黒い円」という漠然とした状況を記述するのが難しかったのだ。円といっても真円ではない。そもそも斜めから見たら網膜に映るのは楕円だし、真っ黒の程度をどこまでにすればいいのか、などなど。いくら条件を積み重ねても、うまく記述できなかったのだ。

実際のところ、人間が持っている「常識」もそれほど完全ではない。海外旅行に行くと途方にくれたような感覚に襲われるのは、我々が普段頼り切っている「常識」が役にたたなくなるからだ。バスに乗って降りるときに硬貨で支払おうとしてもキャッシュレスの精算システムしかなければ払えない。民主主義ではない、俗にいう権威主義的な国家では国家機密のようなものがかなり広めに定義されていることがままあり、そういう国では道端で建物の写真を撮影したら実は軍事施設で逮捕監禁されるということが起きるかもしれない。こうした例外は少なからず存在しているが、それでも我々の「常識」がうまく機能しているのは、日常的にある程度定型的な生活をしていてその範囲で有効な「命題のセット」を自分で作り上げて保存しているからである。だが古典的記号処理パラダイムで人工知能に常識を持たせようと思うと、人間がこの命題を明示的に書かないといけない。これが予想外に難しかった。人間の常識は自覚的、明示的に命題の形で列挙されているわけではないので、個々人の常識を漏れなくうまく命題のセットに落とし込む方法がどうしても見つからなかったのだ。

人間には簡単に思えること（常識）が人工知能では難しく、人工知能では簡単に実現できること（高度な知的作業）のほうが人間には難しく思えるということの状況は矛盾しているように思えるので、それでこれをモラベックはパラドックスと呼んだのだろうけれど、それにはおそらく明快な理由がある。

前者の「常識」のほうは長い進化の過程で意識しなくてもできるくらいしっかりと脳に埋め込まれているがゆえに、かえって明示的に書き出すことは難しい。例えば、「他人と喧嘩しないようにしてください」みたいな指示は行為の結果しか指示していないため、どうすれば喧嘩を避けられるか明示されない。このような常識を人工知能にやれと言っても不可能だろう。

反対に、「知的な作業」は脳にとって意識的な作業なのでどうやって実行しているか説明しやすく実装も簡単だということなのだろう（３６０という数を素因数分解してください、というのは理系ではない人間には簡単ではないだろうが、計算機には容易である）。

どうやって呼吸しているかと言われると答えに窮するが、３×３をどうやって計算しているかと問われたら簡単に答えられるのと似た状況なのだろう。これがだいたい１９８０年代初頭の状況である（歴史的にはその後エキスパートシステムというものが考案され人工知能研究は一次的なブームを迎えていたのだが、このエキスパートシステムというのは応用指向の研究で、「知能とはなにか」という議論を主題とする本書の内容とは関係が薄いのでそこは割愛させてもらう）。

人工知能に身体を持たせるという仰天のアプローチ

別に行き詰まったからというわけでもないかもしれないが、このころ二つの新しいアプローチが生まれた。

一つめは身体性に基づくアプローチと呼ばれるものである。我々が常識を持っているのは日常的な生活を送っているからだ。そこで人工知能に身体を持たせて、実空間の体験を取り入れさせれば常識を備えた人工知能ができるのでは、という考え方だ。

このような研究の一例として「スイスロボット」と名付けられた研究がある。このスイスロボットは車輪と前方左右2ヵ所にセンサーが付いているだけの単純なロボットで、センサーが障害物を感知したら逆方向に動く（つまり回避する）という機能を持っているだけなのに、発泡スチロールのブロックがばらまかれ壁で仕切られたフィールドに数体のスイスロボットを放つと、「ブロックの塊が数個できる」「大部分のブロックは壁に押しやられる」という状態が最終的に作られることがわかった。これは（知能ある）人間から見れば「散らばっているブロックを片付けた」ように見えるので、まさに「身体性があることで知能が発現する」という原理のもっとも単純な例と考えられる、と主張された。

ある意味でこれは知的な作業のほうではなく、古典的記号処理パラダイムでは困難だった「常識」のほうの解決に重点を置いた方向性の転換ということなのだろう。これは筋としては悪くないが、必ずしも人工知能研究の主流にはならなかった。

理由はいくつかあるが、一つはいまだ人工知能研究の主流であり、多くの人が諦めてはいなかった古典的記号処理パラダイムと真っ向から対立してしまったことだ。さらに、仮に身体からの入力が重要であるにせよ、コアの制御システムは論理演算で書くしかないという弱点があった（スイスロボットも「障害物があったら逆方向に動く」という「論理演算」を行っていることは否定できない）。であるなら、最初から古典的記号処理パラダイムで書けるはずなのでは、という問題をクリアできなかった。古典的記号処理パラダイムがうまくいかないにしても、では身体性を加味したら、（同じ論理演算に基づくものなのに）古典的記号処理パラダイム以上の性能がなぜでると期待できるのかを説明できなかったからだ。

一方で、身体性を持たせた人工知能のコアを論理演算で書かないでアナログな制御システムと混然一体化したシステムとして考えることも可能である。しかし、このような研究は狭義の「人工知能の研究」とは認識されず、その周辺のロボットの研究と境界があいまいになってしまった。結果、身体性を加味した人工知能研究は同じようなシステム（ロボット）を扱っているのに、研究者がロボットよりなのか、人工知能研究よりなのかが違うだけになってしまい、「身体性人工知能」みたいな分野は確立されないで自然消滅してしまったのだ。

ニューラルネットワークの誕生

古典的記号処理パラダイムの解決を目指した、もう一つのアプローチは、脳の基本的な構造体に基づいたニューラルネットワークの動きだ。ニューラルネットワークという名前を出してもわからない人も多いのではと思うので簡単に説明しよう。

ニューラルネットワークは正に人間の脳の機能素子ともいうべき神経細胞、いわゆるニューロンの構造**（図表1-5）**にヒントを得た計算システムだ。

ニューロンは簡単に言うと多入力1出力の多数決システムである。ニューロンは論理回路といっても細胞だから実際にやり取りしているのは真偽の二値ではないが、多入力の多くが「オン」（興奮状態ともいう）ならば出力も「オン」になり、そうでなければ「オフ」になる、という性質を持っている。

ニューロンの信号伝達の仕組みを簡単に説明しよう。ニューロンの信号伝達の仕組みは電気化学的なものである。電気化学的、という意味は信号伝達に電気と化学を併用しているからだ。細胞内の信号伝達、つまり周囲の神経細胞から樹状突起で受け取った信号を変換して信号に変え、軸索終末まで伝達する部分を電気で、軸索終末と他の神経細胞の樹状突起のあいだの信号伝達を化学物資の輸送を介した化学反応で行っている。このように、仕組みこそ通常のコンピュータとは異なるものの、形式的な回路という意味では（アーキテクチャは異なるものの）「オン」「オフ」の二値をベースとした論理演算回路とみなせないことはない。

この多入力1出力の多数決システムをコンピュータの中で実現したのがニューラルネッ

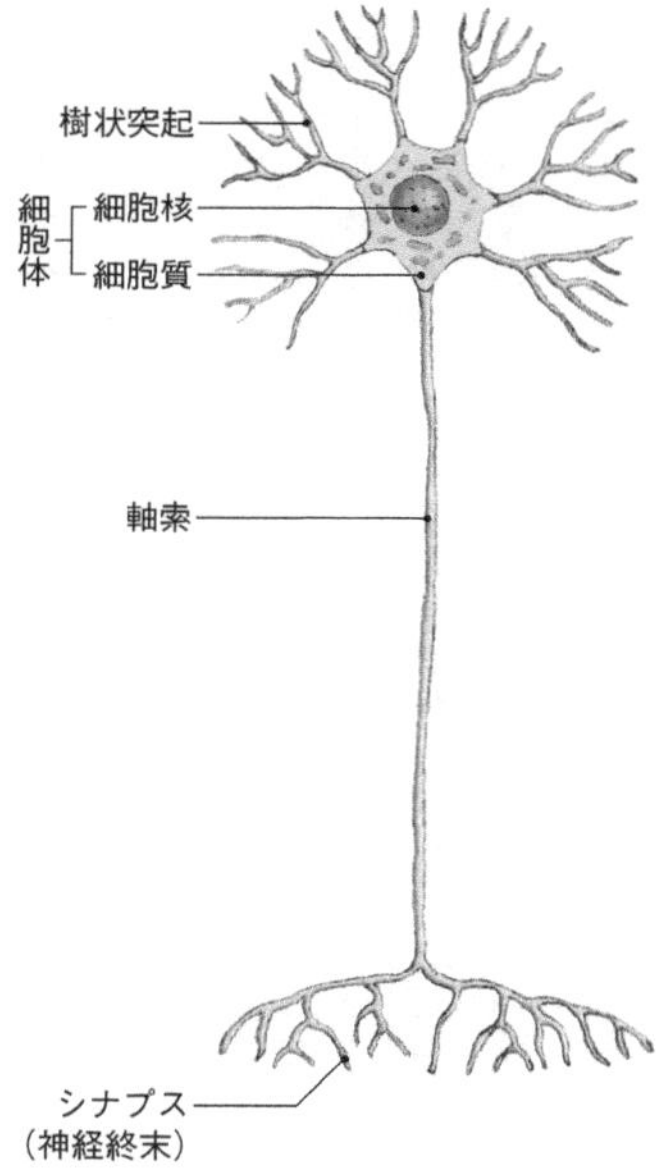

樹状突起
細胞体
細胞核
細胞質
軸索
シナプス
（神経終末）

図表1-5
神経細胞（ニューロン）の構造
（出所）山科正平、講談社ブルーバックス『新しい人体の教科書』（下巻）より転載

トワークである。だから、ニューラルネットワークは人間の知能を司る脳の仕組みを模した胡乱なシミュレーターだということができる（ここでニューラルネットワークはシミュレーターだということが後で大きく効いてくるのでよく覚えておいてほしい）。

ニューラルネットワークの動作原理

ここでニューラルネットワークの動作原理について簡単に説明しておく。難しい話となるので、理解に困難を感じた場合は、次の「小見出し」まで読み飛ばしても以後の理解には影響しない。

前述のようにニューラルネットワークは「多入力1出力」の素子である。これを使ってどのように学習を行うかを図を使って簡単に説明する。

まずは平面内に分布している○と✕があったとき（**図表1-6**）、新たに加わった●が○の仲間か✕の仲間かを判別する機械学習にニューラルネットワークを使う方法を説明しよう。

ぱっと見明らかに●は○の仲間である。これをニューロンの「多入力1出力」を表現する数式で判別できるようにするにはどうしたらいいのか。実は、点線の左は○、右は✕になるようになっている。点線の左側は、○から縦軸と横軸に垂線を引いたときの原点からの距離を足した値（AとB）が2以下、✕は2以上、である。

したがって、縦軸に垂線を引いたときの原点からの距離A（入力1）と横軸に垂線を引いたときの原点からの距離B（入力2）を足して、2以上なら発火[*2]（1出力）となるようにすればいい。このルールを覚えることがニューロンの学習である（この場合、〇は「発火しない」側になる）。

ニューロンが二つ以上（これらをそれぞれニューロン1、ニューロン2とする）になるともっと複雑なパターンが学習できる（**図表1-7**）。新たに加わった破線を見てほしい。破線の上

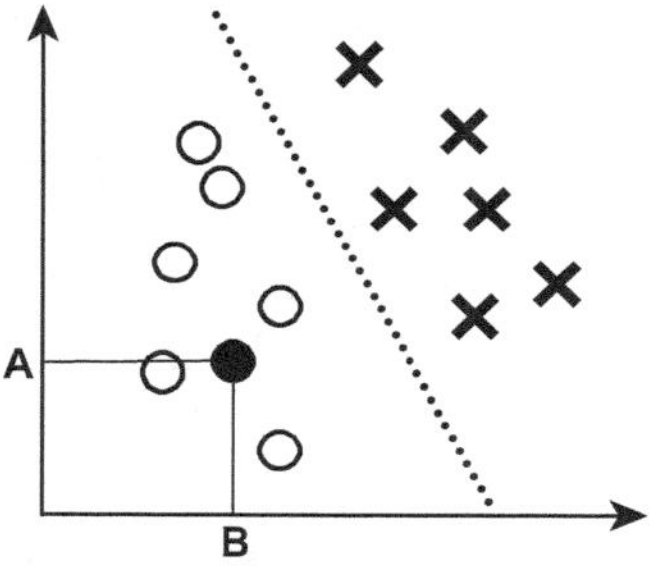

図表1-6　ニューラルネットワークの動作原理の模式図①

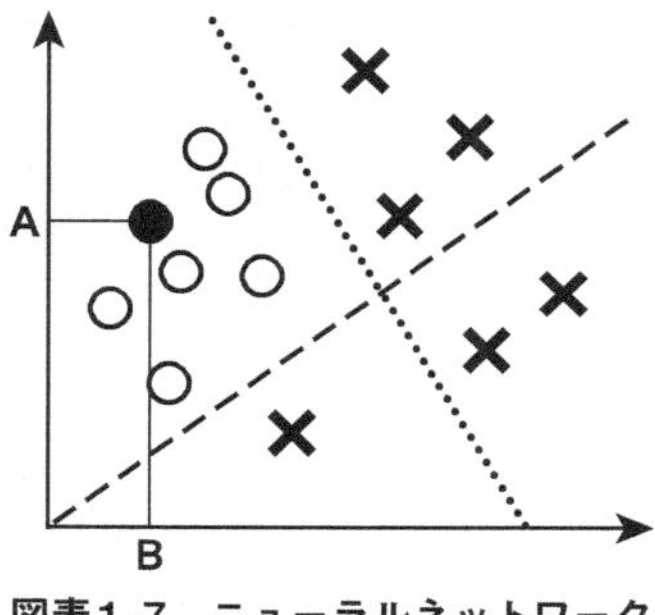

図表1-7　ニューラルネットワークの動作原理の模式図②

＊2　神経細胞に刺激が加わり、興奮を引き起こすインパルスが生じること

側に位置する記号から、縦軸と横軸に垂線を引くと、縦軸に引いた垂線の原点からの距離（A）が横軸に引いた垂線の原点からの距離（B）より大きくなっている。

一方、破線の下側は、これとは逆になっている。そこで、縦軸に垂線を引いたときの原点からの距離A（入力1）が横軸に垂線を引いたときの原点からの距離B（入力2）より大きければ発火（1出力）するものをニューロン2とする。

ここで、前述したニューロン1とニューロン2を組み合わせたニューロン3を作る。例えばニューロン1が発火せず（入力1）、ニューロン2が発火した（入力2）場合に、ニューロン3が発火（1出力）するようにするのだ。これを組み合わせればいくらでも複雑なパターンを分類することができる。

このニューラルネットワークは大元をたどれば古典的記号処理パラダイムが行き詰まりを見せた1980年代に発想されたものでは決してなく、実際にはさらに数十年さかのぼった時代の研究の再発見に過ぎない〈講談社ブルーバックス『脳・心・人工知能』はこの数十年前の時期のパイオニアの日本人研究者が後年、その当時を振り返って著した本に他ならない〈章末コラム「日本人がとってもおかしくなかったノーベル物理学賞」参照〉。ちなみに私はこの再発見時代にちょうど大学院生だった〉。

「局所解」という落とし穴

いまとは比べるべくもないにせよ、1980年代にも計算機の大きな性能向上があり、手軽にニューラルネットワークの計算ができるようになったこともあり、非常に精力的な研究が行われた。しかし、この脳にヒントを得たシステムも実はうまくいかなかった。このニューラルネットワークを用いた人工知能研究は、分野的にはより広い機械学習の一分野として扱われたが、なんらかのタスク（例えば「猫の写っている写真を選べ」みたいな）において他の数多（あまた）ある機械学習の手法に比べてよい性能をあげることができなかったのだ。それは「局所解」というものにトラップされてしまうからだ。

一般に機械学習はなんらかの「当て物」の形をとる。例えば、「この写真には犬が写っていますか？」とか「この経歴の人は3年以内に破産しますか？」などのような質問と、なんらかの情報をセットにして入力して、それが妥当かどうかの結論を出させるのだ。

予想と結果の食い違いを計算すれば、この機械学習がどれくらいうまく機能したかがわかる。これを数値化し、機械学習の中に含まれているパラメータをちょっとずつ更新し、食い違いが減ったらさらに更新を続け、ダメだったら一歩戻って更新しなおす。この一連の作業を試行錯誤的に、逐次的に繰り返すことで満足できるパフォーマンスになるまでパラメータを更新し続ける、という方法を取る。

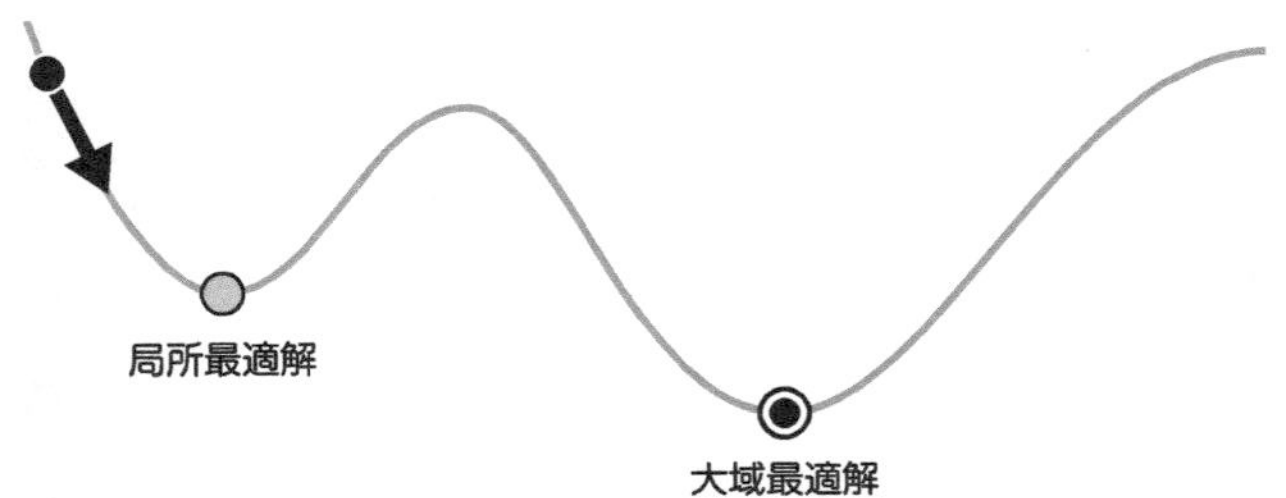

図表1-8　局所最適解の概念図
特別な工夫を施さないと、「局所最適解」に留まってしまい、より最適である「大域最適解」にたどり着けない可能性がある

ちなみに、パラメータとなるデータは、入力をどれくらい強く感じるかという「感度」と、どれくらい多数の入力がオンだったら自分もオンになるかの「閾値（いきち）」が主となる。

機械学習を行うときに、パラメータの更新量があまり多いと、学習があらぬほうに飛んでいってしまってなかなか収束しないのでなるべく更新量は少ないほうがいい。だが、これには「落とし穴」があって、微小な更新をどんなに重ねても絶対食い違いが減らないが、しかし、遠く離れたところにはもっと食い違いが少ない場所がある、という状態になったときに、乗り越えようがなくなってしまう場合があることだ。

これは山の天辺から下山を始めて低いほうに向かって歩いて行ったら、麓にたどり着くつもりが山麓の盆地にたどり着いてしまい、どっちに行っても登りなのにまだ麓には着いていない、みたいな状況を思い浮かべるとわかりやすい（この場合「山の高さ」を「食い違いの大きさ」とすると「山を下る」ことが「食い違いがより小さいパラメータを探す」に相当する）。これを「局所解」と呼ぶのだが、ニューラルネットワークは競合する機械学習手法に比べてこの局所解に落ち込んでしまう（図表1-8）ことが多かったために見捨てられてしまったという歴史的経緯がある。この欠点が後述する汎化性能の低下に結びついたのが致命的だった。

このように前世紀の人工知能研究は、発足当初の古典的記号処理パラダイムの行き詰まりを打開するために提案された身体性アプローチや、脳の構造にヒントを得たニューラルネットワークによる研究が提案されたものの、いずれも革新的な成果をあげることがなく、冬の時代を迎えてしまうことになった。

コラム 日本人がとってもおかしくなかったノーベル物理学賞

AI研究にノーベル物理学賞が与えられたことで驚きが広がったことは本書でも述べた。だが、実はノーベル物理学賞を授与されてもおかしくなかった日本人が二人もいるのをご存じだろうか？

その一人は甘利俊一（東京大学名誉教授）である。甘利は生成AIの基幹技術である深層学習の原型となるニューラルネットワークの研究をヒントンやホップフィールドに10年以上先駆けて行っていた。例えば、ホップフィールドの授賞理由になったホップフィールドモデルは、ほぼ同じものを甘利が先駆けて研究し、論文まで発表していたので、兼ねてから甘利－ホップフィールドモデルと呼ぶべきだ、という声が高かったが、一度ついた名前を変えるのは難しくそのままになってしまったという経緯がある。

またニューラルネットワークの学習に重要な学習則であるバックプロパゲーションの原型となる研究も甘利が早かった。こんなに大きな貢献をしていたのに、受賞を逃してしまったのはなぜだろう？　一つはヒントンやホップフィールドが甘利の研究を読んでその続きを行ったというわけではないことだ。ある意味、独立な再発見ということになる。そしてヒントンやホップフィールドの研究は、甘利の研究とは異なり、断続的ながら現在の生成AIへとつながっている。何より、ニューラルネットワークの研究から離れてしまった甘利と異なり、ヒントンは人工知能が冬の時代を迎え、ニューラルネットワークの研究が廃れても一人こつこつと研究を続けて現在の生成AIへの流れを作った。甘利は他の分野の研究に転じてそこで非常に大きな成果をあげているからニューラルネットワークの研究を続けなかったこと自体が間違いだったとは言えないが、結果的に最後まで続けたヒントンにノーベル物理学賞が授与されたので、その流れに直接関係しているホップフィールドが同時受賞したということだろう（ヒントンは物理学者とは思われていないので、物理学者であるホップフィールドと抱き合わせにする必要があったともいわれているが真相はわからない）。

ノーベル物理学賞を受賞してもおかしくなかったもう一人の日本人は福島邦彦（一般財団法人ファジィシステム研究所特別研究員）である。福島はホップフィールドやヒントンに先駆けて、後にヒントンが画像認識で大きな成果をあげることになるニューラルネットワークの構造と同じものを、まさに画像認識のモデルとして提案していたのだ。だが、福島のモデルには学習則がなく、実際に性能を発揮するには至らなかった。福島の提案したネオコグニトロンもそのまま現在の研究につながっていたわけではないので、受賞には至らなかったということなのだろう。

せっかく日本で芽吹いた人工知能の研究のタネをそのまま日本で続けることができなかったのは残念というしかない。

第２章　深層学習から生成ＡＩへ

打ち捨てられていたニューラルネットワークの意外な復権

20世紀のあいだはブレークスルーもなく低迷していた人工知能研究だったが、21世紀に入って10年ほど経ったところで、救いの手が思いもかけない方向からやってきた。いわゆる「深層学習」の登場である。深層学習はそれらしい名前がついてはいるものの本質的にニューラルネットワークと同じものである。うまくいかなかったとはいえ、一度は人工知能研究の有用なツールとして注目されたニューラルネットワークが再度注目されて人工知能研究のホープとして蘇っただけなのに意外だと思われる理由はなんなのか？　それは以下のような理由による。

前述のように、ニューラルネットワークは数多ある機械学習の手法の中で脳の基本構成体であるニューロンの機能にヒントを得て提案された一つの手法である。機械学習には多彩な手法があり、虫の群知能にヒントを得たスウォーミングや、二分木（にぶんぎ）のボーティングに基づくランダムフォレストなどがある（章末コラム「機械学習いろいろ」参照）。

ニューラルネットワークの評価はあくまでパフォーマンスの良しあしでしか評価されない。知能のモデルとして妥当であるか以前に人間にもできることができないならそもそもモデルとしての妥当性が疑われるからだ。

この点でニューラルネットワークは他の手法に比べて大きく劣っていた。一番劣っていたのは汎化性能と呼ばれる性能である。汎化性能とは、学習していないデータセットに対してどれくらい性能を発揮できるかという問題である。これがうまくいかないことを「過学習」と呼ぶ。要は、与えられているデータセットからその普遍性を超えて個別性を学習してしまったことを意味する。

例えば、個人の経歴からどの県の出身者であるかを推定したい、という場合、ある県の出身者がたまたま全員ある年齢以上で、他の県の出身者はそれ以下の年齢だったら、機械学習はその県の出身者を推定するのに「年齢」という間違ったラベルを学習してしまうだろう。これが典型的な過学習である。

汎化性能とはこのような「答えと関係ないのに関係があると思って学習することがなく、答えと関係のある特徴だけをうまく選択して学習する能力」と言い換えてもいい。「年齢と出身県がたまたま対応していた」ケースでは過学習は避けようがないが、実際には、このような極端な例はまれだ。

多くの特徴の中に本当に正解に関係するものとたまたま一致してしまっているものがある場合、どっちがより正解に関係しているかを見定めて、たまたま関係しているものは排除するように学習することが可能な場合が多い。

有名な例としては『ウマ娘 プリティーダービー』という競走馬を擬人化したキャラクターを主人公として描くアニメの一シーンを物体認識ソフトで判別させたら「馬」と認識してしまったが、背景のレース場の画像を消したら人間と認識するようになったという例[*1]がある。

人間が画像を認識する場合、背景を加味して判別することは少ない。人間は背景とキャラは独立した存在だという「常識」を持っているからだ。だが、機械学習の場合はそうはいかない。機械学習は、馬が映っている映像は、レース場のことが多いことを認識し、レース場が背景に映っていたら、対象物は馬の可能性が高い、と学習してしまう。実際そのような仮定をおいたほうが、判定の精度があがる。

「ウマ娘」のような現実には存在しない存在を機械学習は学んだことがないので、私たちが映像を見れば、一目で「人間」とわかる被写体を馬と誤判断してしまう。このような例が典型的な過学習であり、汎化の失敗ということになる。

このようなミスを頻発したニューラルネットワークは次第に重用されなくなり、機械学習の表舞台から消えていき、2000年代初頭には使えない過去の手法として打ち捨てられていた。これはちょうど人工知能研究の低迷と軌を一にしていた。他の機械学習の手法は人工知能というより別の出自を持ったカテゴリに属すると認識されていたから、うまく

＊1 https://ar-ray.hatenablog.com/entry/2021/12/07/024414

いかなくても人工知能研究の落ち度と認識する人はいなかったが、ニューラルネットワークはそうはいかなかった。以来、機械学習とは人工知能とは別物であるという認識が研究者のあいだで広がった。

深層学習をAIと呼ぶのは愚か者のすること？

実際、いまでは信じがたいかもしれないが、深層学習が登場したときこれをＡＩ（人工知能）と呼ぶことは技術がよくわかっていない愚か者がすることだと認識されていた。知能とはあくまで判断力や想像力を備えたものであり、画像から映っているものを判別するという定型化した作業を行うだけの機械学習をＡＩと呼ぶことははばかられた。研究者のあいだでは、機械学習とＡＩは別物であり、機械学習がいくら進歩しても人工知能にはならないと認識されていたといってもいい。

２０１０年代に登場した深層学習は、ニューラルネットワークと本質的に変わらないアーキテクチャを持っていたが、画像認識において他の機械学習手法をしのぐ規格外の高性能を発揮したことで一躍注目を浴びることになった。

ニューラルネットワークは、機械学習のカテゴリに属するものとはいえ、もともとは人工知能研究としてスタートしたことはよく知られていたので、低迷していた人工知能研究は一気に注目を集めることになる。ニューラルネットワークの性能の悪さが人工知能研究の足を引っ張っていたのが、一転してこの分野の隆盛につながったのだから皮肉なものである。

ニューラルネットワークとアーキテクチャが大きく変わらない深層学習が、ニューラルネットワークが苦手とする汎化能力を獲得できたのはなぜなのか。実は現在でもその理由はしっかりとはわかっていない。ただ、一つだけ大きく異なったのは大規模化（中間層の数が多いので深層学習という名前がつけられたのだ）と学習データの増大である。

ニューラルネットワークが見捨てられつつあった20世紀末は、まだインターネット時代の黎明期で、インターネット上に学習に使える文章や画像が大量にあったわけではない。ところが、深層学習が登場した２０１０年代にはネットを介して多くの文章や画像を集めることが容易になっていた。データの数が増えればそれに呼応して複雑なモデルを作ることができる。

深層学習では学習データの量が重要となる。なぜなら、学習データが十分でなく、データの数より多いパラメータを持つモデルで学習すると必ず１００％の予測性能を発揮してしまい、過学習が避けられないからだ。

これは以下のような簡単な例でよく説明される。**図表２-１**のように、二つの変数の組

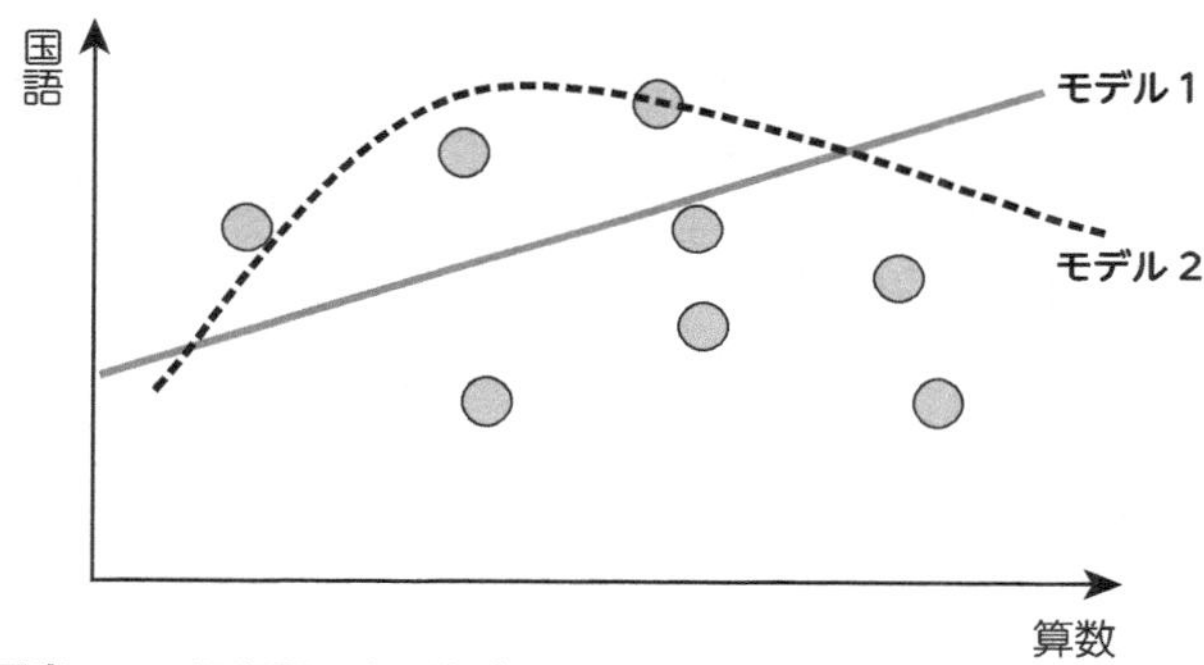

図表2-1　過学習はなぜ起きるのか

(個々の●に相当)が大量にあるとする。「変数の組」というと面倒くさそうだが、別に何でもいい。例えば、収入と子供の数、でもいいし、国語と算数の得点、でもいい。なにか多少なりとも関係がありそうな二つの値の組がたくさんある、と考えてほしい。このとき、2番目の値を1番目の値から予測したいと思ったらどんなモデルが最適になるか、という問題を考えよう。これは機械学習の問題と見ることもできるし、人工知能のタスクと見ることもできる。

一番簡単そうなのは、2番目の値には標準的な値があり、1番目の値に比例して増えたり減ったりしている、という場合である。例えば国語と算数の点の場合を例にとると、国語の点の標準点(算数が0点のときの点)が50点で、算数の点が1点増えるごとに国語の点は0・6点ずつ増えていく、みたいな場合である。これを「モデル1」とする。

次に簡単なのは（ちょっとありそうもないが）、算数の点が50点以下のときは算数の点が増えると国語の点は増えていくが、算数の点がある値（例えば50点）を超えると、今度は算数の点が増えると国語の点はむしろ悪くなっていく、という場合である。これは「算数が得意な生徒は国語が不得意」と解釈できるかもしれない。これを「モデル2」とする。

さて、国語と算数の点の組が膨大にある場合、モデル1とモデル2はどちらのほうが精度が高いのだろうか。

なんとなくモデル1のほうが予測精度が高くなりそうだが、実は「決してモデル1は選ばれない」のである。

この話はとてもわかりにくいが、端的にいうと「モデル1はモデル2の特別な場合として含まれてしまっているから」ということになる。なぜなら、モデル1は、モデル2でピークはあるけれどその高さはゼロという場合と等価だからだ。逆にいうと、どんなに小さなピークでも（仮にそれがノイズによって生じてしまったゆらぎだとしても）それがありさえすれば「モデル1よりモデル2が正しい」という結論が「いつも」でてしまうということを意味する！　つまり、より複雑なモデルのほうが説明能力が高いので、予測の良さで選んだらより単純なモデルが選ばれる可能性はない、という直感に反する結論を得る。

このことは、複雑なモデルと単純なモデルが存在した場合、自由にパラメータを変更していいなら（当たり前だが）複雑なモデルのほうが説明能力が高い、となってしまい、これが過学習の大きな原因の一つになっている。

ところが深層学習は意味もなく複雑なモデルを導入しているにもかかわらず、なぜか複雑なモデルほど（パラメータの数に見合うような膨大な数のデータさえあれば）過学習せず高度な汎化性能を獲得することが知られている。これが一度は見捨てられたニューラルネットワークがリバイバルしたときに驚きをもって迎えられた理由である。

深層学習の「謎性能」

深層学習にはこのようにいままでの機械学習の常識をぶっちぎった膨大なパラメータを導入しても過学習しないという「謎性能」があるわけだが、単純化を恐れずに言えば、深層学習という技術は大量のデータセットとそれを蓄積できる大容量のメモリ、そして大規模な学習を行える高速のコンピュータさえあれば、20世紀末に実現していてもおかしくはなかった。一方で過学習を起こしやすいはずの膨大な数のパラメータを持った深層学習がなぜ過学習を逃れることができているのかはいまも杳として知れない謎のままになっている。

深層学習の導入で大きく発展した分野は三つあった。画像処理、将棋や囲碁のようなゲーム対戦、自然言語処理である。順に説明していこう。

最初に深層学習で素晴らしい成果をあげたのが画像処理だ。2010年当時、画像認識の研究は停滞していた。その主な理由は画像認識(何が写っている写真か?)の学習をするときに、人間が「どのような特徴を画像から抽出するか」をいちいち手動で(主観的な判断で)決めていたことにある。

というのも、コンピュータに「ウマ」と「イヌ」が写っている写真を見せて、何が写っているのかを判別させようとしてもうまくいかなかったからだ。人間は「イヌ」となぜか簡単に判断できるのに、機械学習でやらせようとすると困難を極めた。

例えば「ウマ」と「イヌ」は同じ四足動物という意味で同じカテゴリに属する。当然のことながら、他の写真(「机」とか「椅子」)とははっきり分けないといけない。同時に同じ四足動物だが「ウマ」と「イヌ」は、風貌はまるで異なる。人間なら瞬時に判別可能だが、コンピュータにそれを区別させるのは簡単でない。何を基準にしていいのか、よくわからないからだ。「イヌ」だって、犬種によって大きさも様々だし、体色や毛皮の模様も異なる。結局、人間がどのような特徴を抽出して判断すればよいのか、あらかじめ基準を決めてあげないと、画像認識が進まなかったのだ。

そんなとき、ニューラルネットワークを多段で重ねた深層学習が、他の機械学習を凌駕する圧倒的な性能を出してしまったのだ。それまで延々とどんな特徴量を試せばいいかを試行錯誤していたのに、単に画像を入力してラベル(「ウマ」とか「イヌ」とか)の判別をしろ、と命令するだけで、深層学習が自ら学習して、見事な回答にたどり着いたからだ。しかもこれを成し遂げたのは、画像認識の専門家ではなく、畑違いの研究者だった。画像処理業界が騒然となったのは言うまでもなく、これで一気に深層学習に注目が集まった。

完全ゲームの最強王者を次々に打ち負かした深層学習

ゲームでも同じようなことが起きた。コンピュータで将棋、囲碁、チェスなどの完全ゲーム(情報が完全に与えられていて無限の計算資源があれば最良の手が必ず計算できることが保証されているゲーム)で人間に勝つことは、長らく人工知能研究者の悲願だった。

このうち、チェスは、盤のサイズが囲碁より小さく、取った駒を使いまわすことが許されないため、「将棋、囲碁、チェス」の中では、相対的には簡単なゲームだった。それゆえ、完全ゲームの中では、最初にコンピュータが最強の人間に勝つことができた。しかし、ルールがより複雑な将棋と囲碁では、長らくコンピュータがプロ棋士に太刀打ちできない時代が続いた。最大の難関は、コンピュータに教え込むルールづくりだった。目の前にある盤面に対して次の一手をどう選ぶかの原理や原則を導き出すことが難しかったからだ。

深層学習が登場するまで、コンピュータに囲碁や将棋を教え込むのはある程度これらの競技に熟練し、勝ち手を判断できる人間じゃないと難しいと思われていた。ところが、この分野の全くの素人の研究者が、膨大な数の過去の対戦データを参照して、目の前の盤面に似た局面を探し、そのときに試合の勝者が打った手を最善手とするというルールで挑んだところ、あっさりコンピュータ将棋の大会で優勝してしまったのだ。専門外の研究者があっさり勝利したところが、画像認識のブレイクスルーと共通している。

完全ゲーム攻略の深層学習はさらに進化を続けた。囲碁は、コンピュータが人間に打ち勝つことが最も難しいと考えられてきたが、Google DeepMindによって開発されたコンピュータ囲碁プログラムであるAlphaGoは、２０１７年5月、当時世界最強と目されていた中国人棋士の柯潔との三番勝負で3局全勝をあげたのである。AlphaGoは、自己対戦で過去の対戦を自己生成し、それを学ぶという方法を取ることで、最強王者に勝つことができた。当時、これから10年は囲碁でコンピュータが人間に勝つのは無理と言われていたのでこれまた大きな驚きで迎えられた。

深層学習がここまでの性能を発揮できてもなおこの時点ではまだ、人工知能研究者のあいだでは、前述のように深層学習をＡＩ（人工知能）と呼ぶことには抵抗感があった。画像認識やゲーム攻略で人間を凌駕する成果を残したとはいえ、特定領域での成果に過ぎず、判断力や想像力を持っているようには思えなかったからだ。

最難関だった自然言語処理

深層学習の前に最後に立ちはだかったのは、自然言語処理だ。この問題は、数十年にわたって人工知能研究者が取り組んできたが、遅々として成果をあげられない時代が続いてきた。象徴的だったのが、国立情報学研究所（大学共同利用機関法人　情報・システム研究機構）が中心で進めた「ロボットは東大に入れるか」プロジェクトの挫折だ。東京大学に入学できる人工知能を開発することを目的としたが、当面のあいだ、長文読解問題を解く能力を獲得する見込みがないからという理由などで２０１６年にいったんプロジェクトは終了となった（個々の研究者の取り組みは継続しているようだが……）。

不可能に思えたこの自然言語処理だが、その壁は、またも意外な方向から切り拓かれた。それまでの機械学習はあるタスクを想定し、そのタスクが解けるような課題に特化した学習を行うことが理想とされていた。逆に言うと学習時に提示された課題以外を解こうとすると途端に馬脚を露すことになる。

機械学習は、長らく漠然とした課題設定では性能が発揮できないとされていた。これは機械学習の一種である深層学習でも同じであるとされていた。ところが、自然言語処理において、この常識が打ち破られ、特定の課題ではない漠然とした課題でも適切な答えが出せるようになった。

具体的には次のようなアプローチだ。既存の文章の一部を隠して当てさせる穴埋め問題と、二つの文章が続いているかどうかを判定する問題の二つを大量の文章で学習した後で、個別問題（例えば長文読解）を学習させると非常に高い性能が発揮されることが発見されたのだ。この漠然とした学習を大量に行った大規模なモデルを基盤モデル、追加の個別課題の学習を転移学習と呼ぶ。後述するように話題のチャットGPTもこの基盤モデルと転移学習の範疇（はんちゅう）であるとされている。

基盤モデルと呼ばれるものを構想した人たちがそこまで考えていたのかどうか私にはわからないが、結果的にこの基盤モデルの成功の裏にあったのは基盤モデルが単語の「地図」を高精度で作ることに成功したことにある（正確には、単語はトークンと呼ばれる文章の断片で、必ずしも人間が認識している単語の区切りとは一致していない）。

この地図は、似た単語は近く、異なった単語は遠くに配置される、ある意味単語間の距離を保存するような地図になっている。こういう書き方をすると違和感があるかもしれないが、昔の地図は三角測量といって、地表を三角形の集合に区切り、その三辺の距離を測ることで描いていたので、実は「距離を保存するように単語間の距離を決める」ということはおかしなことでも何でもない。ただ、この自然言語の大規模モデルが画期的だったのは、文脈依存的に単語の類似度を決めることができるようになったことだ。

例えば「彼は細い道を渡っている」という文章と「道を渡っている彼は細身だ」という文章では、「彼」「道」「渡る」「細（い）」という単語の出現はほぼ同じなのに「細（い）」という単語の使われ方が全く異なっている。

従来の方法ではこの区別が難しかったがこの基盤モデルを作成する学習だと、前者の場合には「細い」は「道」と関係しており、後者の「細（い）」は「彼」に関係しているという情報込みで「細（い）」という単語の距離を保存できるようになった。その結果、「彼女は細い道を渡っている」という文章に出てくる「細い」は、別の「彼は細い道を渡っている」という文章中の「細い」の近くに配置され、「道を渡っている彼は細身だ」という文章の中の「細」からは遠い場所に置かれるような地図ができるようになった。

文脈依存的に単語の類似度を把握できる高精度の地図のおかげで、基盤モデルから転移学習を行った言語モデルは長文読解問題を解けるようになった。

「ロボットは東大に入れるか」プロジェクトの責任者であった新井紀子は、著書『ＡＩ vs. 教科書が読めない子どもたち』（２０１８年）の中で「国語は、どう考えても正攻法でなんとかできるとは思えません」と書いたが、同書の刊行から10年も経たないうちに、「大量の

（長文読解とは関係ない）文章を学習した基盤モデル」＋「少量の長文読解問題を用いた転移学習」のコンビネーションを適用したところ、たちまち長文読解の性能が飛躍的に上がったのだ。基盤モデルと転移学習の組み合わせは、本質的な困難の解決だったわけだ。

「創造力」を獲得した大規模基盤モデル

驚くべきことに、この大規模基盤モデルは想定外の「創造力」を持っていることがわかった。

例えば「○○を実行するプログラムを書いてください」と「言葉で」命令すると、そのプログラムを（全く同じものはこの世に存在していないにもかかわらず）作成する能力が備わっていることがわかった。これはおそらく、学習したテキストの中に、プログラムとその機能の説明がセットになった文書があることで「機能」と「プログラム」の関係を学習するとともに「この機能を実現するプログラムを書く」という文章の後には、その機能を実装したプログラムが書かれていることが多いといった関係性がある、という二つのことを学んだ結果だと思われる。

言語を用いた大規模言語モデルがこのような性能を発揮したことは専門家のあいだでは話題になっていたが、まだ一般の人が簡単に扱えるような形で公開されてはいなかったので世間で大きな話題になることはなかった。

だが、人工知能研究の文脈ではこれは驚くべきことだった。「ある機能を持ったプログラムを書け」と命令するだけで、そのプログラムを書く、ということは人工知能研究ではぜひとも実現したい機能でありながら、誰にもできなかったことだからだ。

自然言語処理のブレークスルーは二重の意味で重要だった。まずは、古典的記号処理パラダイムや身体性人工知能がなぜうまくいかなかったかを明らかにしたことだ。前者は、命題の連鎖で現実を表現することを目指していたが、命題の連鎖である以上、順番に物事を構築する形でしか情報を蓄積できない。しかし、言語の基盤モデルは「このような機能のプログラムを書け」という文章とその機能を実現するプログラムの関係を理解しているわけではなく、前者の後には後者が来る可能性が高い、という可能性を多くの経験から学んでいるだけである。このようなことはそもそも古典的記号処理パラダイムでは実現しようがない。

また、身体性人工知能は現実からの情報を直接人工知能に取り込もうとしたが、言語の基盤モデルの成功が明らかにしたことは、人工知能に学ばせるべきだったのは現実の情報そのものではなく、人間の脳というフィルターを通して言語化された情報のほうだった、ということである。

この時点でどれくらいの人がその問題に気付いていたかはもはやわからないのであるが、この言語の基盤モデルの成功は人工知能研究に深刻な問題を投げかけることになった。この機能を実現するプログラムを書けと言われてそのプログラムを書く、みたいな高度な作業が、人工知能の構築には不可欠と思われていた精緻な論理演算など全くない、単語（トークン）の正確な地図を学習しただけのはずの言語の基盤モデルで実現してしまったからだ。

いままで何度も強調してきたように、従来の人工知能の研究は、実現すべき知能の定義がないまま進められてきた。人工的な知能を実現することで、その過程で知能とはなにかという理解を得られるという淡い期待で研究は進められたが、この目論見はもろくも崩れ去った。人工知能であれば実現するだろうと期待されるパフォーマンスがいっこうに達成されなかったからだ。パフォーマンスの評価を通じて、知能が実現しているかどうかを判定するという方針が大きな壁にぶち当たったからだ。

実は知能など必要なかった！

単語（トークン）の位置関係を学んだだけの言語の基盤モデルが、従来、人工知能研究が目指してきたパフォーマンスを実現してしまったのなら、その理由は二つしか考えられない。

1 単語の地図を作る過程で知能というものをなぜか獲得してしまった
2 我々が知的な作業だと思っていたものは別に知能などなくても実行可能なタスクだった（我々はそれを知能を使ってやっているにしても）

いちいち名前をあげることはできないが、私も、職業柄、この分野の研究者の方と話す機会は多かったが、1だと思っている人はあまりおらず、2の意見の人が圧倒的に多いと思う。

そしてこの後にチャットGPTが公開され、大きな騒ぎとなるわけだが、このチャットGPTは言語の基盤モデルに対する転移学習として「人間と会話して違和感がない返答をすること」という学習を生身の人間を使ってやったものだと言われている。ゆえに応答が人間に類似したという点を除けば、前記の問題は変わっていない。むしろ、一般人に公開されたことで様々な使い方がされ、多くの人がそれに対して人間と同じフレーバーを感じたことで、ますます人工知能の実現に精緻な論理演算なんて要らないのでは？　という疑惑が高まることになった。

ある意味、前述のチューリングテストは知能の実現の有無をパフォーマンスの程度で判断しようというアプローチの元祖にして典型例だったわけだが、チャットGPTが出てきた時点で、チューリングテストで知能の実現の有無を判断しようという方針は大きくその支持を失ったように感じられる。

以下の章では、パフォーマンス的には人工知能といっても遜色ないものができ上がったにもかかわらず、その中身自体は当初想定されていたものから大きく乖離し、とても「考えている」とは思えないような代物になってしまったというこの混沌とした状況をどう捉えるべきか、ということについて議論していく。

コラム 機械学習いろいろ

スウォーミングは例えば最短経路探索などに力を発揮するアルゴリズムである。N個の都市をどう回ったら一番短い距離で済むか、という問題は、回る順番がNの階乗個あるため全探索（ぜんぶ試してみることをこう言う）が不可能な問題だ。例えばN＝100のとき、都市の回り方は約10の158乗とおりある。1兆が10の12乗、1兆の1兆倍でやっと10の24乗なので158乗がどれだけとんでもなく大きな数かは想像に難くないだろう。だが、この問題は、以下のような単純なアルゴリズムで〝正解〟にたどり着けることがわかっている。

1　多数のアリを放って好きなように回らせる
2　最短距離で回ったアリの通ったところは次のアリがやや通りやすくなるようにしておく（フェロモンを置く、と呼ばれている）

要は「たくさんアリが通ったところはフェロモンが強くなるようにしておく」という単純なアルゴリズムでかなり最適解に近い経路を探せるのだ。これがスウォーミングである。

二分木はたくさんの条件から、なにかを判別するルールを作るものである。例えば、人間を年齢、性別、収入、身長、体重など多数の属性を元に47都道府県の出身別に分ける、というタスクを考えよう。

この場合、例えば、仮に「石川県人は身長が高い」とすると「身長がある値(例えば170㎝)以上ですか?」という問いに対してYES/NOで分けるとYESのほうが石川県人の濃度が高まる。

これをたくさん繰り返して2分割を繰り返すと、最終的に石川県人の割合が非常に高い集団が残る、みたいな方法であり、この2分割を上から順番に並べて描いた分岐図が成長するに従って枝を広げていく木をさかさまにしたようにみえることから「二分木」と呼ばれている。

ランダムフォレストはこの二分木をわざとたくさん作って実際の判別のときにはその多数決で結論を出すというシステムである。なんでこんなことをするかというと前述の過学習は、複数の異なった二分木で同時に起こることが少ないので、わざとたくさん作っておいて多数決をとることで過学習を避けられると思われているからである。

第3章　脳の機能としての「知能」

「知能」を再定義する

この混沌とした状況を整理するために、本章では「ヒトの知能」を俎上にあげて、そもそも「知能」とはなにかという問題に立ち返ってみたい。ここでは、「ヒトの知能」を「人間の大脳の機能」と定義することを提唱する。これは従来の、知能の定義をそのパフォーマンスの達成度で定義するという考え方とは大きく異なっている。

知能の定義を「大脳」という臓器と結びつけたのは、脳というハードウェアから切り離した人間の「知能」はそもそも存在せず、パソコンのように、ソフトとハードが分離可能だという仮定がむしろ根拠薄弱だという認識に基づく。脳というハードウェアから分離した古典的記号処理パラダイムで知能が実現できる、という考え方はある意味で楽観的過ぎたと言えるだろう。

以下では知能というものは脳の機能であり、ソフトとハードを分離することは難しいという立場から議論を進める。その理由はそのような立場をとることで、一見すると、知能がないとできないとされてきたパフォーマンスをあげることができてしまったチャットGPTのような言語の基盤モデルが「ヒトの知能」と類似のものと言えるかどうかという問題をうまく整理できると考えるからだ。

うまくいき過ぎてしまったゆえの混乱

心が身体と独立に存在するいわゆる心身二元論は、知能のソフトウェアが脳というハードウェアから分離可能であるという考え方の嚆矢であると言えよう。心身二元論を最初に唱えたのは「我思う、ゆえに我在り」と述べたことで有名なフランスの哲学者、ルネ・デカルトだった。デカルトは、ヒトの体は機械であると考えた。体内の機械の部分から神経を通って空気が脳に運ばれ、松果体（=脳の中にある小さな内分泌器）で脳と体が結ばれて心が作られると考えた。この考えが、心と体を別のものとする「心身二元論」の起源になった。

心身二元論、すなわち心というものが体とは別にあって、体に宿ることで知能が発揮されるという考え方がベースにあったとしても、そこからいきなり知能がソフトウェアベースで書けるという古典的記号処理パラダイムにまで一気に進んでしまったのはなぜだろうか？　それはおそらくチューリング―ノイマン系列のコンピュータの「本質はハードウェアではなくソフトウェアだ」というアプローチが非常にうまくいってしまったからだろう。チューリングは実体としての計算機が存在しない時代にチューリングマシーンという仮想的なコンピュータを考えた。このコンピュータは長いテープとテープの上に書かれた記号を読みとって動作し、テープを送ったり戻したりするヘッドからなる仮想的なシステムだったが、すべての計算をこなすことができることが判明した。

チューリングは別にコンピュータというハードを実装するためにチューリングマシーンを考えたわけではないようだが、これが現在のコンピュータの原型となり、後にノイマンが現実のコンピュータのアーキテクチャを構想した。

ノイマンが考えたのは「プログラム内蔵方式」のデジタルコンピュータである。CPUとアドレス付けされた記憶装置とそれらをつなぐバスを要素に構成されている。命令（プログラム）とデータを区別せず記憶装置に記憶するもので、まさにヘッドとテープからなるチューリングマシーンを現実のハードウェアで実現するアーキテクチャになっていた。現在に至るまでコンピュータは全部この「チューリング―ノイマン系列」だと言っても過言ではない。まずソフトがあってそれからそれを実現するハードが作られたのだからハードとソフトが分離可能なのは当然だったわけだ。

自動車とコンピュータの設計思想は根本的に異なる

しかし、冷静に考えてみると、設計と製造が分離している機械というのは実はまれである。例えば、自動車の設計図を作ることと実際に動作する車を製造することには大きな隔たりがある。設計図というのは往々にして最低限これだけは満たさなくてはならないという仕様書のようなものに過ぎない。いわば実際に動作する機械を作るための試行錯誤の幅を限定してくれる手引きのようなものだ。設計図に沿ってなにかを作って動かそうとしても温度や湿度の関係でうまく動かなかったり、摩擦が大き過ぎて止まってしまったりすることもある。

ところがチューリング—ノイマン系列のコンピュータにはこのような問題がない。プロセスは一個一個順番に進められるので、前のプロセスが終わってからしか次のプロセスは開始されず、お互いに直接関係があるのは前後のプロセスだけである。したがって、ハードウェアが保証しなくてはいけないのは現在のプロセスがあったとき、次のプロセスが実行されることだけであり、局所的な制限だけである。これに対して自動車の場合は、複雑な部品がリアルタイムで相互作用しているため、すべての組み合わせで問題がないことを確認するのは極めて困難である。

このように通常の機械装置とコンピュータというハードウェアは、ハードとソフトの分離可能性という観点で大きく異なっており、むしろコンピュータのほうが例外的な機械装置であると言える。

コンピュータは別に「チューリング—ノイマン系列」のものである必要はない。例えばアナログコンピュータといって微分方程式を解くことしかできないが、その微分方程式と等価な電気回路を構成し、電圧を測定することで解を得る、という形の装置は実在した。また前述のエニグマも、暗号を組み替える場合には、歯車を物理的に組み直す必要があり、その意味ではハードとソフトの分離は完全ではなかった。

歴史に「もしもはない」にせよ、もし、「チューリング―ノイマン系列」のハードとソフトがほぼ分離可能なアーキテクチャではなく、アナログコンピュータやエニグマみたいなハードとソフトの分離が不完全なコンピュータしかなかったのなら、古典的記号処理パラダイムのような誤謬（と言ってしまっていいのかどうかわからないが）が生まれることもなかったのではないかと思えてしまう。

脳でなければヒトの知能は作り出せない

一方で、脳自体の機能については物理学者による研究もかなりある。そのうちのいくつかは、脳の機能が脳というハードからは独立には機能しえないということを示唆する。例えば寺前順之介[*1]は「脳と知能の物理学」と題する講義ノートの中で「脳内の神経細胞やシナプスが多大なコストを支払ってまでランダムな活動を維持し続けるのは、決して無駄でもなければ不可避でもない。本稿の結果は、このランダムな活動こそが我々の学習の実体

＊1　https://repository.kulib.kyoto-u.ac.jp/dspace/handle/2433/245742

であり、脳の情報処理の実体であることを強く示唆している」と主張している。もし、この主張が正しいのであれば、脳というハードとは独立に古典的記号処理パラダイムに則って、論理演算だけで知能を実現することはそもそも不可能であることになる。また津田一郎[*2]は非線形物理学の立場から、脳内のカオスが脳の知能の実現にとって本質的だという立場を述べている。

ここでカオスとは、微小な誤差が拡大して短時間に決定論的な運動を破壊してしまうもののことをいう。したがって、脳内のカオスを外部に取り出して同じ挙動をさせることは原理的に不可能である。脳内のカオスは、あるとすれば、脳内のシステムが作り出す独自のものであり、脳から独立にカオスを取り出して再現することはできないからだ。このような立場も、知能を脳というハードから独立に分離、存在しうるという立場に拮抗する。

また最近は量子計算が脳の機能に重要だという研究[*3]もある。量子計算は本質的に「チューリング―ノイマン系列」のコンピュータでは実行できない。というより「チューリング―ノイマン系列」のコンピュータでは達成できない性能を発揮できるからこそ量子計算が重要視されているのであって、もし、量子計算が知能の発現に重要であるならば「チューリング―ノイマン系列」のコンピュータ上でソフト的に知能を実現することなどできない、ということになる。

＊2　『カオス的脳観』(サイエンス社、1990年)
＊3　https://gigazine.net/news/20221021-brains-quantum/

もし、脳を、任意のハードウェアで実現できる論理演算で再現可能な機能を持ったハードとソフトの結合系とみなすことができないならば、脳はどのようなものだと思うのが妥当だろうか。

一つの可能性は車のようにそれ全体でなにかの機能を実行する機械装置であるとみなすことである。車には様々な部品があり、独自の機能を持ってはいるが、それらはほとんど単体では機能しない受動的な部品に過ぎない。脳も様々な区画に分かれて、機能的な分業を行っていることはわかっているが、その部分を取り出して機能させることに成功した例はない。

これは、脳に限らず、人間の臓器は一つだけ取り出してそれだけで動作させるのが難しいという点がある。個々の臓器はあくまで人体の中で機能するパーツに過ぎないからだ。脳も臓器である以上、この縛りからは逃れられない。

だが、脳の場合は、他の臓器以上に、単独ではその機能を発揮できない。ある程度、自律的な反応が許されて機能を発揮できる、心臓や胃や小腸などと比べてもその傾向は顕著だ。実際、身体的人工知能論の立場は、脳の外部の器官との連携という意味ではあっても、脳がそれ自身だけで機能しえないという立場としては同じ立場に立っていると考えることも可能だ。

脳は周囲の状況を再現するシミュレーター

それでは、脳はどのような機能を発揮する機械装置なのか。勿論、それは知能なのだが、ここで知能といってしまうとトートロジーになってしまうので避けたい。では、なんと言えばいいのか？　それは現実のシミュレーターだということではないだろうか。脳は周囲の状況を脳内で再現するシミュレーターという機械装置だと考えると、以下に見るように収まりがよく、生成ＡＩとの関係を考えるのにも都合がいい。

よく言われていることではあるが、我々が見ている世界は世界そのものではない。例えば、視覚心理学の研究で我々がよく見ている錯視は、間違いなどではなく、限られた情報から外界を再構成するための正統な情報処理（フィルター）の帰結だということが知られている。

有名な影の錯視（**図表3－1**）では、本来同じ色であるはずのＡとＢが、Ｂのほうが白く見える。同じ色なのに違う色だと認識するのは情報処理系としてはバグって

図表3-1　チェッカーシャドウ錯視
(Edward H. Adelson)

いるわけだが、「なにかの影になっているところでは色は濃く（暗く）なって見える」という経験則からすればこの情報処理は正しい。こんな面倒な例を考えなくても我々の影についての情報処理がバグっているのは次の例から明らかだ。

スクリーンに表示される、液晶プロジェクターの画面を想像してほしい。我々の眼には、白色のバックグラウンドに黒い文字がくっきりと浮かび上がって見える。だが白いスクリーンに光を当てて黒くなるわけではない。私たちは、白いスクリーンに黒い文字を表示して、文字部分を黒くしているように感じるが、実際は黒い文字以外のところを明るく照らすことで、文字を黒く見せているのだ。そもそも、スクリーンに表示された映像をリアルな現実と感じること自体が、我々の情報処理系がバグっていなくては成り立たない仕組みなのである。

これらはほんの一例だが、我々の大脳がやっていることは現実世界のシミュレーションである。本来、3次元である世界を網膜に映る2次元の映像で再現することは物理的に不可能である。同じ2次元の映像を作るであろう無限の3次元の配置の中から「もっともありそうなもの」を選んでいるのが我々の視覚処理であり、ある意味で錯視そのものなのである。

私たちの脳はバグっている

図表3-2はこの「無数にある3次元の可能性からもっともありそうなものを選んでしまう」という我々の視覚のバグをついた錯視で「エイムズの部屋」と呼ばれている。

左側の人物は右の人物よりずっと奥に立っているのだが、床の模様が意図的にそのような解釈を妨げるように描かれているので我々の脳は「左右の人物はほぼ同じ奥行きの位置に立っている(ので左の人物が小さい)」という誤った解釈をしてしまう。現実にはこのようなプロポーションの人物が実在することはあり得ないので、我々は理性ではこの写真がなんらかのトリック(含む画像編集)であると気付くのだが、現実のシミュレーターとしての脳が出す答えは違う。このことからしても、大脳が行っているのは現実世界のシミュレーションである。

図表3-2　「エイムズの部屋」の錯視

ＳＦ小説、マンガ、映画などで「主人公が住んでいる世界は実はシミュレーション世界だった」という設定は枚挙に暇がないが(例えばＳＦ映画の『マトリックス』

シリーズやアニメ映画の『HELLO WORLD』など）、このような設定が容易に成り立って我々が違和感なくこれらのフィクションの世界になじめるのは、そもそも我々が住んでいるのは現実世界などではなく、脳が精巧にシミュレートした「現実世界」だから、に他ならない。

また実際、我々が話している相手に心があると思うのも脳が世界をシミュレートしているからに他ならない。我々は話している相手の心を覗き込むことなどできないが、それでも心があると「感じる」ことができる。それは脳が、相手の発する声や表情をそのように解釈するように進化したからだ。人間との会話に特化し、転移学習を施されたチャットGPTが、まるで人間のように感じられたのも、実際にチャットGPTが脳のシミュレーションに成功していたから、というより、その情報を受け取った人間の脳のほうが（勝手に）チャットGPTの裏には心があると「誤ったシミュレーション」を実行してしまったのに他ならない。

だから脳の機能はなにか？　脳の知能とはなんなのか？　と言われたら「現実世界のシミュレーター」という答えが正しい。以下ではこの観点から「生成ＡＩは知能を実現したのか？」という命題について考えていこう。

コラム　ブレインマシーンインターフェース（BMI）

世に超能力物のフィクションは多い。様々な超能力が描写されるが、心を読みとったり心に語り掛けたりできるテレパス、瞬時に移動できるテレポーテーション、に並んで定番の能力がサイコキネシスだろう。念じただけで離れた物体を自由に操る能力はしばしば劇中の最強能力として描写される。

BMIはある意味、サイコキネシスを科学で実現しようという試みである。第1章で描写したような非侵襲な脳計測結果をコントローラーに接続すれば機械を制御できるのでは？　というアイディアだ。実際、脳波を入力に使ったゲームの祭典ブレイン＊4ピックがすでに開催されている。

BMIのアイディア自体は昔からあり、深層学習ブーム以前からゲームのコントローラーに脳波を使うというアイディアはあった。考え方は簡単で脳波を入力、コントローラーの制御を出力とした機械学習を設定し、思いどおりに動かせたら正解、だめだったら不正解、を教師信号にして脳波の判別学習を機械学習に課す。原理的にはこれはそれほど難しい技術ではなく、生成AIや深層学習が流行る前から実在していた。おそらくこれが一般に普及しないのは非侵襲の計測器が安価ではなく、また、装着が

＊4　https://www.youtube.com/watch?v=74nq67wFKwI

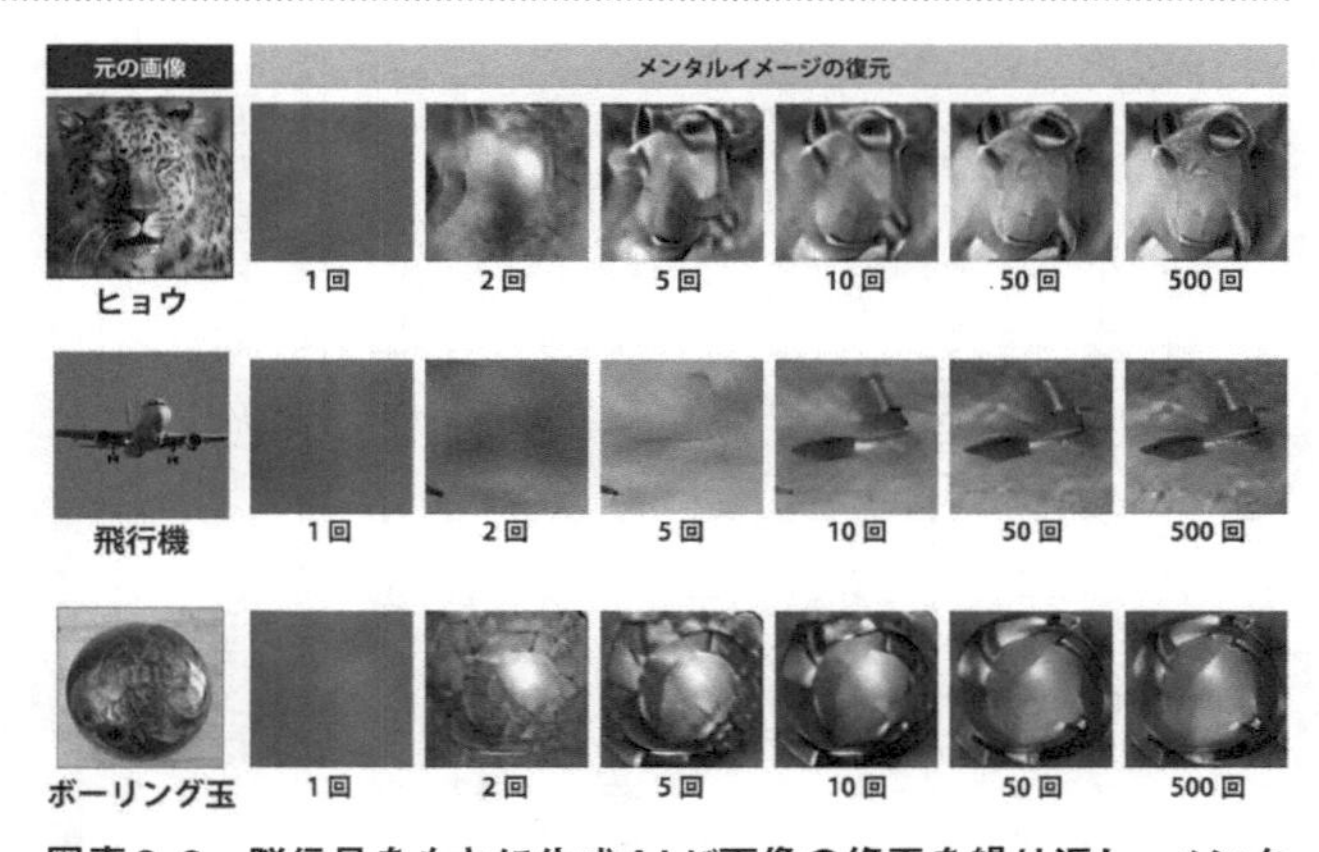

図表3-3　脳信号をもとに生成AIが画像の修正を繰り返し、メンタルイメージを復元していく様子。画像下の数字は更新回数を示す
（出所）量子科学技術研究開発機構、https://www.qst.go.jp/site/press/20221130.html より転載

面倒で帽子のように被ればOKとはいかないからであって、技術的な問題はかなりクリアされていると思う。

最近の生成AIや深層学習の技術で大きく進んだのはむしろテレパスのほうだろう。残念ながら心に語り掛けるほうのテレパスは目途が立っていないが、心を読むほうは着々と進歩している。例えば、頭になにかを思い浮かべてもらって、それを当てる、という深層学習をさせるとある程度の正解が得られるようになってきた（図表3－3）。

まだまだ精度はいまいちなのがわかると思うが、それでもこの実験のとき、被験者は画像を実際に見ているわけではなく、前に見た画像を思い出してもらっているだけなので、その条件を考えると悪くない研究の第一歩だといえるだろう。将来的には離れたところから脳内の思考を読みとることもできるだろう。残念ながら三大メジャー超能力の最後であるテレポーテーションは生成AIや深層学習をもってしても開発の目途は立っていない。

第４章　ニューロンの集合体としての脳

ニューロンの集合体として「知能」を実現する脳

ここまではあくまで「人間の知能」という脳のマクロな機能について議論してきた。そして、この知能という機能について人類の知見は非常に限られており、それゆえに人工知能の研究といういわば知能研究の代替物が立ち上がったということを論じてきた。

本書は基本的に人工知能にせよ、脳にせよ、具体的なプロトコルの詳細についてはあまり議論する予定はない。しかし、脳がニューロンの集合体という形で知能を実現しているのは事実であり、したがってニューロンの集合体として知能を理解しようという試みは当然あり、その延長上にニューラルネットワークをベースとする現在の生成AIの誕生があったのもまた事実である。そこでニューロンの集合体としての脳についてどこまでのことがわかっているかを概観しておこう。

ここまで何度も強調したように、ニューロンがどのように働いて知能を発生させているかは(そもそも知能のちゃんとした定義がないことも相まって)よくわかっていない。しかし、どの程度わかっていないのかをここに書き記しておくのは悪くないだろう。

以下で定義している知能は、本書で議論しているような広義のものではなく、いわゆる知能テストで定量的な計測が可能なものであることに注意してほしい。このようなある意味での割り切りがないと、このような議論はできない（近代定量科学の限界）。

知能は脳の特定領域に偏在するわけではない

まず、脳の構造的な観点からわかっていることは、例えば脳の大きさと知能には適度な正の相関があることが明らかになった（といっても割合でいうとわずか6％足らずである。そんなわずかでも「適度な正の相関」というのかと疑問に思うかもしれないが、これだけの関係でも見つかっただけで大きな成果なのである）。

一方で、知能は特定の脳領域に依存するものではなく、頭頂前頭ネットワークとして知られる脳全体に分布した複数の領域が協働することで成り立っていることがわかっている**（図表4－1）**。流動性知能（未知のものを理解する知能）は、前頭前皮質や頭頂領域と結びつき、結晶性知能（既知の知識に依存する知能）は、側頭葉の皮質構造や厚さに関連しており、白質の完全性が処理速度に重要な役割を果たしている。要するに、どこか特定の部位が知能を司っているというより、脳全体のパフォーマンスで知能を実現していることが徐々に明らかになりつつある。

そもそも、脳の構造という観点からは近縁の類人猿と人間の脳は大差なく、構造的な観点から知能を理解するというのはそもそも無理があることなのだ。前述の高名な非線形物

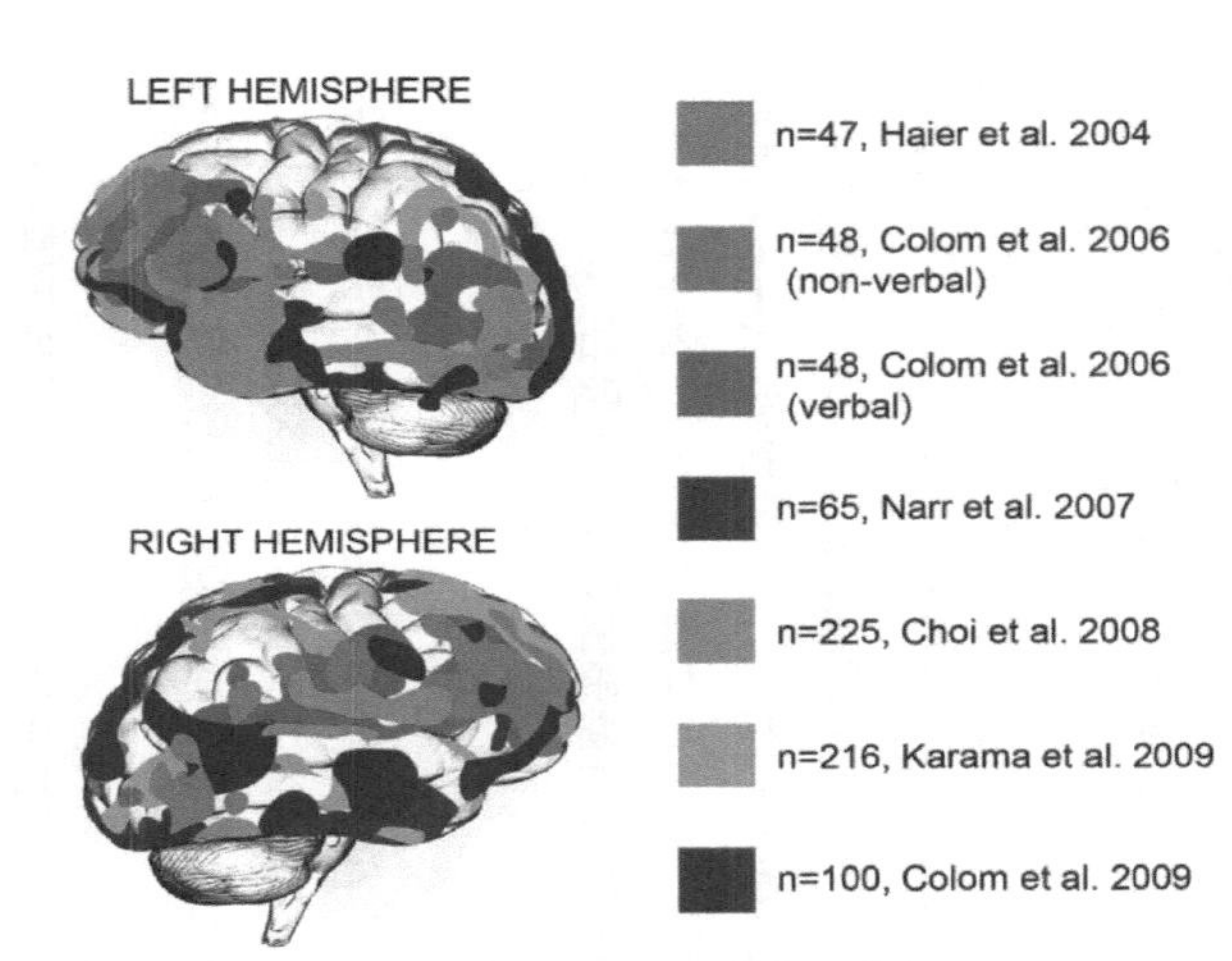

図表4-1　知能と関係があるとされた領域の分布
ほぼ脳の全領域にまたがっている。色の違いは研究グループの差異である。どのグループの研究でも大脳皮質全体に知能が関係している領域が広がっていることがわかる　（出所）https://www.frontiersin.org/journals/human-neuroscience/articles/10.3389/fnhum.2019.00044/fullより転載

理学者の苦言にもあるように、脳の全体的な測定から知能を理解しようというのはそもそもあまり筋がよくない。

この限界を突破しようという試みがないわけではない。例えば、流動性知能について、複雑なタスクをパーツに分解して処理し、あとで統合するという方針で知能は達成されるので、脳全体で協働的に知能が発生して見えるという仮説がある。

実際に実験データからの観測でこの分割領域（パッチ）が特定され、いわゆる「知能の高さ」というのはこのパッチで処理された分

割情報を統合する能力の違いである、という仮説まで提案されている。だが、それでもあくまで有力な仮説というだけで、「大脳が全領域を駆使して分散処理をさせて、最後に統合して知能を実現した」ということがわかったとはとても言えない状況なのである。

知能の個人差は遺伝に由来する？

こうした限界もあり、知能の研究は他の側面からのアプローチも行われている。一つは知能に関わる遺伝子の研究だ。

あまり知られていないことだが、知能は遺伝的要因にかなり影響を受けている。双子研究により知能の個人差の50～80％が遺伝によるものであると示されている（これを知るとちょっと暗澹(あんたん)たる気分になるのは避けられない）。

どの遺伝子が知能に関係しているのかも精力的に調べられている。最初に行われたのはゲノムワイド関連解析（GWAS）というものである。人間のゲノムの塩基配列は完全に同じではないのでこの変異と知能の関係を調べることは原理的には可能だ。その結果、知能に関連する数百の遺伝子座や数千の遺伝子が特定されつつあるが、各対立遺伝子の効果は小さく（つまり、個々の変異が起きていることと知能の関係は非常に弱い）、結果、あまりにも多数のゲノム領域が知能に関係することになってしまい、知能変動（知能の個人差）の全体像を説明するには至らなかった。

また、知能に関連する多くの一塩基変異（SNV）が非コード領域に存在することがわかった。非コード領域とは、タンパク質に翻訳されない領域であり、その場合、変異の影響は、個々の遺伝子ではなく遺伝子転写の調節（つまり、ゲノムのどの領域がどれくらい読みだされて機能するかの調節）に関わっている可能性が示唆されているが、そもそも転写調節という分野の研究が発展途上なのでこれでは「なんらかの関係は示唆されたが、何をしているかはわからない」と言っているのと同じことになる。なんのことはない。結局、脳の全領域が知能に関係しているために構造と知能の関係が解明できなかったのと同じことが起きてしまい、ゲノムと知能の関係も「関係があることはわかったが、あまりにも多くの場所が関係していて具体的にはどう関係しているかわかりません」という状態である。

次に調べられたのは実際に転写されている領域と転写物の量と知能の関係である。ゲノムの変異は静的だが、こちらは場面場面で変化する量なので知能との関係がより直接的に観測できることが期待された。その結果、細胞型や組織特異的なトランスクリプトームデータの利用により、知能に関連する遺伝子が神経組織、とりわけ海馬、中脳、皮質で優先的に発現することが明らかになっている。その多くは神経組織の発生に関わるもので、機能に関わるものではなかった。それゆえ、転写の動的な制御が知能を司っているという知見には至らず、いまでも盛んに研究が続いている状態である。

「謎」はニューロンに隠されている

最後に個々のニューロンの機能に焦点が当てられた。知能はあくまで多数のニューロンの協働で発現するものだから、個々のニューロンに焦点が当たるというのは奇異に感じるかもしれない。しかし、知能に関与しているニューロンとそうではないニューロンが区別できれば（より焦点が絞られるという意味で）なんらかの知見が得られるのではないかと期待された。その結果、知能の基盤として重要視される錐体（すいたい）ニューロンの樹状突起の大きさや複雑さが、より高いＩＱスコアと関連しており、これが情報処理効率の向上につながるという重要な知見が得られた。ただ、これはあくまでパーツの性能が知能の高低に関係しているとわかったに過ぎず、この発見自体がなぜニューロンの協働が知能の発現に至るのかということに大きな貢献があったとはなかなか言えないだろう。

ここまで語ってきた侵襲的・非侵襲的な脳の部位ごとの機能研究（どの部位がどんな機能を果たしているか？）とは異なり、ニューロンの発火を研究する場合には実験動物の脳に電極を挿入して、直接観測するという方法をとる。本書はこのタイプの実験の詳細を議論することが目的ではないので、具体例をいくつか語るに留める。

例えば「子供を虐待するときだけ活性化する「脳の虐待回路」が見つかった」という研究[*1]では、挿入した電極でニューロンを刺激したり抑制したりすることで子供への虐待をさせたりやめさせたりすることができることがわかった。あるいは「サルの脳に500本の電極を刺し込んで『仲間を見分ける脳回路』を発見」したとされる研究[*2]では「サルが相手を仲間として認定し、利他的なプレゼントをするときに活性化する「仲間回路」が発見された」ことが報告されている。これもサルの脳に500本にもおよぶ電極を刺し込むことでニューロンを刺激・抑制し、サルの行動を変えさせることに成功したという事例である。

これらは膨大な研究のごく一部に過ぎないが、ニューロンの活性・不活性と動物のマクロな行動が結びついていることはすでに業界の常識であり、個々の行動とどんなニューロンの活動が関係しているかをいかに研究するかということが競われているのが現状だ。

ニューロンの振る舞いとの関係が研究されているのはマクロな行動だけではなく、例えば「人間の知能が高いのは大脳皮質が大きいだけでなく「ニューロンの振る舞いが根本的に違う」から」という研究[*3]では、人間のニューロンは樹状突起が長いため、その分密度が低いことが示されて、それぞれのニューロンが区画化され、一つ一つの計算能力が増しているという可能性が示唆されている。一般に人間の脳が知性的なのはニューロンの数が他の生物より多いからとされているが、そのほかにも個々のニューロンの振る舞いも異なっ

＊1　https://elifesciences.org/articles/64680
＊2　https://www.science.org/doi/10.1126/science.abb4149
＊3　https://news.mit.edu/2018/dendrites-explain-brains-computing-power-1018

ていることが報告されている。

このような研究は枚挙に暇がなく、ニューロンの観測や刺激で脳の機能を解明しようという研究はそれこそ数えきれないのが現状だ。しかし、本書の目的は決してこの手の研究を網羅的に概観することではないので、紹介はこの程度に留めたい。

非線形非平衡多自由度系としてのニューロン研究

近年の観測技術の進展に伴い、ニューロンの観測や制御は容易になり、膨大なデータが集まるようになった。単にニューロンとマクロな性質（行動）やミクロな性質（ニューロンの動作原理）の研究が進んでいるだけではなく、後述の非線形非平衡多自由度系としてのニューロンの集団としての振る舞いも研究が進んでいる。

神経信号からニューロンのつながりを推定した研究[*4]では、複数のニューロンがどのような相互作用をしているかを観測データから推定する方法が提案された。すでにニューラルネットワークのシミュレーションデータからどのニューロンが関係しているかも推定できるようになっており、今後は個々のニューロンではなくニューロンの組がどのような機能を持っているかを調べる研究も進むだろう。

しかし、このように非常に多彩なニューロンの研究が行われているにもかかわらず、ニ

＊4　https://www.jst.go.jp/pr/announce/20191002/index.html

ューロンという一種の論理素子が実際にどのように協働することで知能を生み出しているかということは杳として知れない状態が続いている。それは一つには、実際にニューロンが協働して知性を生み出しているにしても、知性的な行動のような高度な機能を実現するにはおそらく膨大な数のニューロンが複雑に相互作用しあって知能を作っていることが予想されるので、現在の人類のデータ解析能力では、与えられたニューロンの発火パターンから知能を生み出す論理回路の働きを逆推定することができないからだ。また、知能を生み出すにはどの範囲のニューロンの発火パターンまで網羅しないといけないかもわかっていないので、そもそもまだニューロンの活動の観測が不足しているのかもしれない。

それではニューロンの集合体としての脳の研究という方法によって、脳がいかにして知性を生み出すかについて言えることは何もないかというとそんなことはない。例えば、脳の知性の発揮にはカオスが重要だという仮説があると述べたが、実際のニューロンの活動からカオス的な振る舞いがあることは実際に観測されている。[*5]

この論文には「ニューロンの複雑で予測不可能な活動であっても、非常に簡単な非線形力学則に従う決定論的な現象である」などとも書かれており、脳の活動が非線形非平衡多自由度系であることはすでに実験的に実証されているとも言えそうだ。その意味では非線形非平衡多自由度系の末裔である生成ＡＩが知性を持っているかのような振る舞いをして

＊5　https://www.jstage.jst.go.jp/article/biophys/54/4/54_195/_pdf

も驚くことでは全くない。

ニューラルネットワークとニューロンは似て非なるもの

しかし、それでは生成AIは知性を生み出す装置という意味で、脳と同じような仕組みを持っているかというとそうではない。脳の知性の発生にノイズの存在が重要であるという指摘を行った寺前は前述の講義ノートの中で「特に興味深いことは、これら実験技術の急速な向上によって明らかにされた脳の知見は、多くの点で最新のディープラーニングを含む人工ニューラルネットワークの動作様式とは整合していない」などと結論付けている。そして実際に、最近の知見を取り入れた新しいニューラルネットワークモデルを構成してみせた。

このことは仮にニューラルネットワークの起源がニューロンにあるとしても、ニューロンの集合体としての脳の動作原理は、現状盛んに研究されているニューラルネットワークや深層学習のそれとは別物であり、当然、その延長上にある深層学習や生成AIとは似て非なるものであることを強く示唆し、次章以降で議論する、脳と生成AIは同じく世界シミュレーターであるが、世界を全く異なったように解釈している、しかし、実効的に機能する二つの世界シミュレーターだという観点を強く示唆する結果になっている。

最後に、これらの発見が示唆するのは、知能が遺伝子から細胞、ネットワーク、脳全体の領域まで、さまざまなレベルで複雑に相互作用する結果として成り立っているということである。今後の研究では、特定の細胞型や脳領域の特性のばらつきを探求し、遺伝的差異と細胞特性、認知能力との関係をさらに解明することが求められる。この分野の進展は、人間の知能の基礎をより包括的に理解し、学習や認知に関する新たな介入手法の可能性を拓く鍵となるだろう。

人類は長らく、人工知能が実現できないのは人類が知能の発現機構を理解していないからで、それを理解できれば人工知能も成功するだろうと期待してきた。生成ＡＩが人工知能のようなものを実現したのに、その機能はわからないままだというのは、まさに大脳における知能研究の現状そのままだとも言える。これはある意味では皮肉だが、ある意味では当然とも言える。いつか人類はそれを理解できるだろうか？

コラム　BERT

いまでは完全に忘れ去られた感があるが、基盤モデルベースで自然言語処理に最初にブレークスルーを果たしたのはチャットGPTではなく、BERTである。ゆえに2021年に出版した拙著、『はじめての機械学習』では、基盤モデルでブレークスルーを果たした自然言語モデルとしてGPTではなくBERTを取り上げていたし、同じく2021年に日本行動計量学会で講義したときもBERTを紹介していた。実際のところ、長文読解で最初に人間並み（正確にはわずかに人間超え）のパフォーマンスを叩き出したのはチャットGPTではなくBERTだったし、いままでは不可能とされた深層学習による一般自然言語処理が、基盤モデル＋転移学習という枠組みで可能だと示したのもBERTである。

BERTを提案したのはグーグルであり、いまでは想像もできないかもしれないが深層学習以降のAI時代の覇者はグーグルだと誰もが疑っていなかった。実際にはBERTとGPTはほぼ同時に存在しており（GPTがちょっと遅い）、同時代に共存したネアンデルタール人と現生人類であるクロマニヨン人みたいな関係と言えばいいだろうか？

しかも、ＢＥＲＴはオープンソースで誰もが利用できる形で公開されていた。ＡＩの民主化が果たされたいまとなっては、ソースが公開されていることよりもホームページでアクセスできるほうが重要になってしまった。チャットＧＰＴのやり方が普通になるまでは新しい画期的な深層学習を用いたアプリケーションがリリースされたらソースや内部を説明した論文が公開されるのが普通だった。

何がチャットＧＰＴとＢＥＲＴの明暗を分けたのか？　まず、ＢＥＲＴは厳密には言語モデルではなかった。言語モデルは言語を「生成」するためのものだったが、ＢＥＲＴにはそのままでは生成機能がなかった。つまり、ＢＥＲＴは基盤モデルに特化したソフトで、その後、転移学習たるファインチューニングをして使うものだった。だから、ある意味で、ソースが公開されているのは当たり前のことだった。これに対して、ＧＰＴはファインチューニングをせず、いまでいうところのプロンプトエンジニアリングを駆使して使うものだった。

ここでファインチューニングは実際に機械学習の「中身」を変更することを言い、プロンプトエンジニアリングは入力である問いを工夫することで出力が望みどおりになるように調整することを言い、概念も方法も全く異なった別手法である。

当時すでにＧＰＴは膨大な量の学習を行っていたので、仮にソースが公開されても誰も転移学習たるファインチューニングを行うことはできなかっただろう。

当時の解説記事をみてもBERTは文章読解に優れ、GPTは文章生成に優れているなどと書かれていた。この違いは主に学習の仕方の違いに起因していた。チャットGPTは文章の最後の単語（正確にはトークン）の穴埋め問題しか解かなかったのに対して、BERTは文章の途中の穴埋め問題を解いていた。このため、ある単語とその前後の単語の関係まで学習できた。文章の最後の単語の穴埋めしかしない、ということは、文章の中で自分より前の単語との関係しか学習できないのだからBERTのほうが文章読解に優れていたのも頷けるだろう。

2021年時点で、人間と見まごうばかりの会話ができたラムダを開発していたグーグルがチャットGPTのようなものが作成可能と知らなかったとは想像しにくい。だが、現実にはグーグルは人間と会話可能な生成AIを公開せず、対してオープンAIはチャットGPTを広く無料公開して時代の寵児に躍り出た。歴史に「もしも」はない、とはいうものの、ほんのちょっと状況が変わっていたらこのいまの生成AI全盛の時代が全く違うものになっていたかもしれないと思うと実に興味深い。

第5章　世界のシミュレーターとしての生成ＡＩ

拡散モデルのからくり

第3章では脳の知能とは現実世界のシミュレーターと考えるのが正しい、と述べた。この観点からは生成AIはどう考えられるだろうか？　それについて考える前にまず、生成AIの「中身」について考え直したい。ひとくちに生成AIといっても多種多様であり、その裏側では、さまざまなアルゴリズムが走っている。

例えば最近の画像生成AIは、拡散モデルというアルゴリズムで作られているが、拡散モデルが普及する前は、GAN（敵対的生成ネットワーク）という全く異なったアルゴリズムが使われていた。

これらのアルゴリズムについて詳述するのは本書の趣旨から外れるが、ごく簡単に説明しておく。

画像生成AIにおいて現在主流となっている「拡散モデル」では、まず、既存の画像に徐々にノイズを加えてから、最終的にはノイズだけの画像に変換する（この過程のことを「拡散」という）。次にこのプロセスを逆回転させて、徐々にノイズを消して（「脱ノイズ」という）、元の画像を再現する（**図表5－1**）。人間からすると無茶ぶりに思える作業だが、拡散モデルでは、この過酷なトレーニングを積み重ねて、ノイズから画像を作り出すスキル

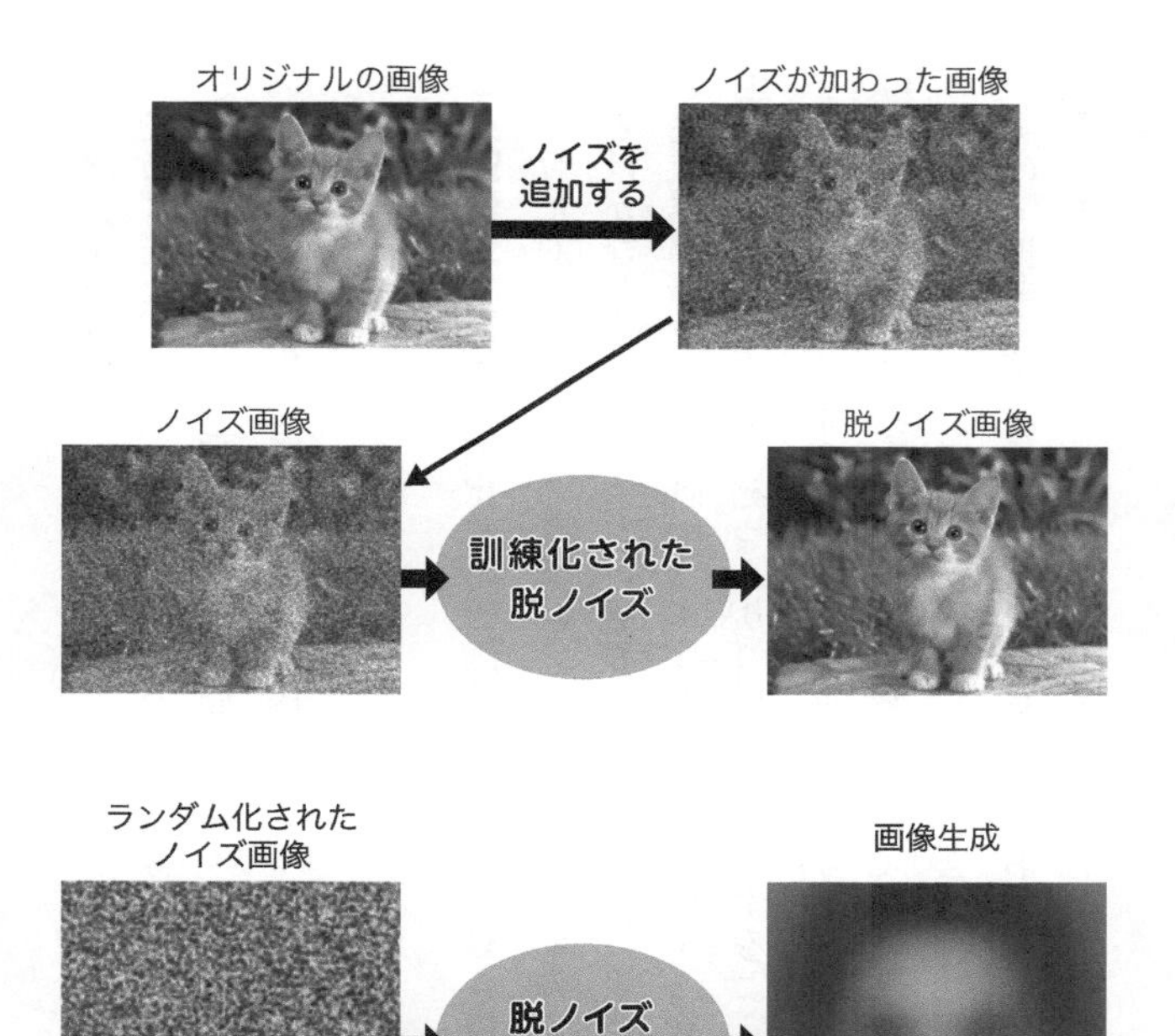

図表5-1　拡散モデルはノイズから画像を作り出す

（出所）https://webbigdata.jp/post-14457/ より転載、改変

を身につけていく。

そうすると、素材となる「ノイズ」を与えるだけで、「これはノイズまみれだけれど、きっと元はなにかの画像だったに違いない」と機械学習が勝手に勘違いして、ありもしないリアルな絵を作ってしまう。画像生成ＡＩは、このように迂遠なやり方で画像を作り出している。

ニセ画像生成装置と進化競争で画像を作り出すＧＡＮ

これに対してＧＡＮのほうはノイズから画像を作るのは同じだが、訓練方法が拡散モデルとはかなり違う。ＧＡＮは**図表5－2**のようにノイズから画像を作る生成器（Generator）と生成器が作ったニセ画像と本物の画像を判別する判別器（Discriminator）からなっている。生成器はなるべく本物そっくりの画像を生成するようにパラメータをチューニングし、一方の判別器は生成器の作ったニセ画像を本物の画像と区別できるようにパラメータをチューニングする。これを交互に繰り返すことで最終的に生成器が本物と区別がつかない精緻な画像を作り出せるようにする。これがＧＡＮの仕組みである。

実は、拡散モデルにおいても、ＧＡＮにおいても、ノイズから脱ノイズして意味のある画像を作る、という過程でニューラルネットワークが使われている。コンピュータにノイズまみれの画像を与え、「ノイズを取り除いたらどんな画像になりますか？」という当て物を学習させていると言ってもいいだろう。

大規模言語モデルで活躍するアルゴリズム「トランスフォーマー」

短い文章からハイクオリティのCG動画を生成し、世界の度肝を抜いたSoraは、拡散トランスフォーマーという技術が使われていた。これは前述した、画像生成AIのアル

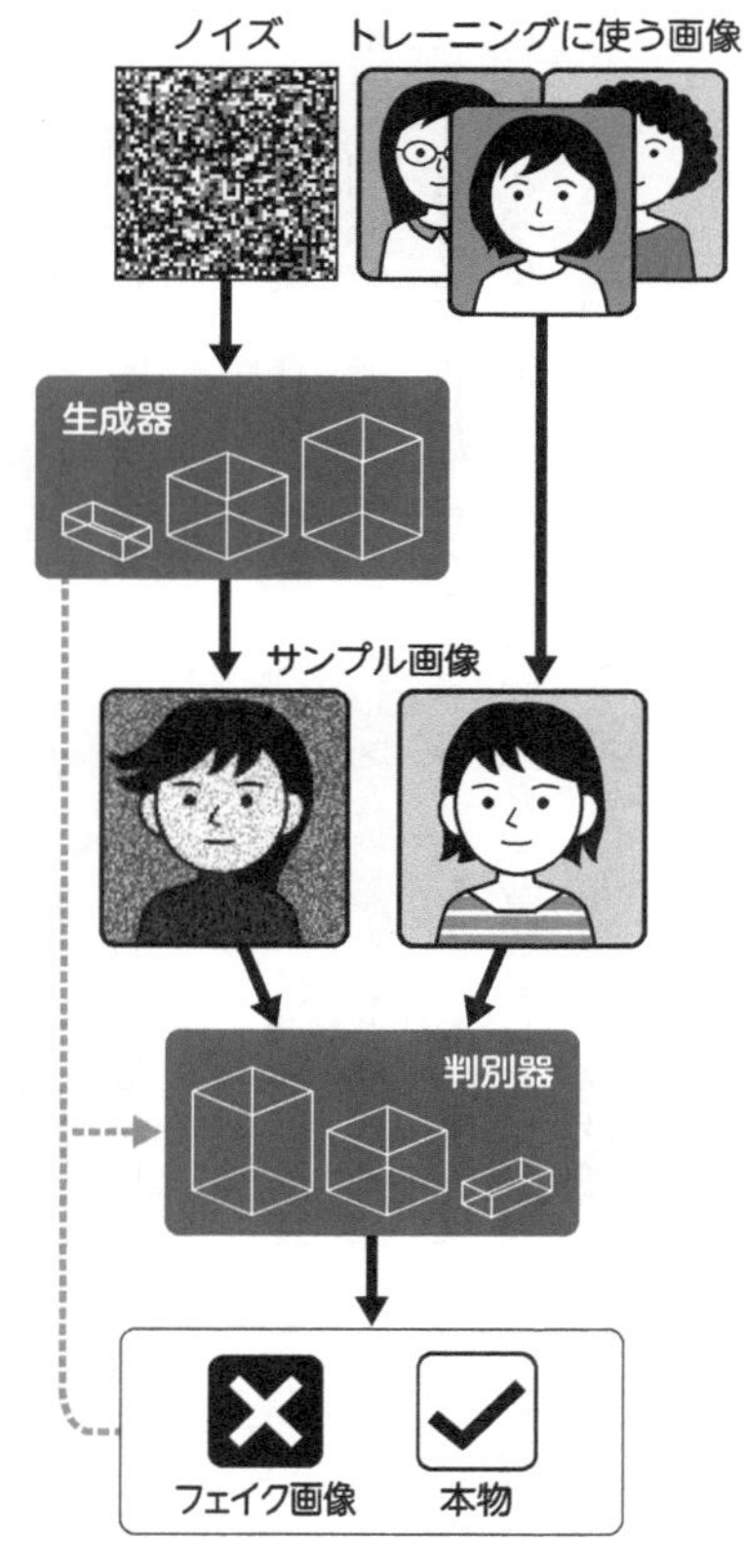

図表5-2　GANの仕組み

ゴリズムである「拡散モデル」とチャットＧＰＴを含む大規模言語モデル（ＬＬＭ）が採用しているトランスフォーマーというまた別のアルゴリズムを結合したハイブリッドモデルである。

ＬＬＭで使われているトランスフォーマーは、前述の長文読解問題で活躍した文章中の単語の関係の理解込みで単語の地図を作るという機能を実装するアルゴリズムである。そのキーとなる技術は「セルフアテンション」というもので、文を入力して穴埋め問題を解かせると、なぜか文中の単語の関係を学習してしまう「謎機能」を持っている。そのアルゴリズムを説明したいが、なぜ穴埋め問題を解くだけで文中の単語の関係を学習するのかちっともわからないので、本書ではその説明はしない。ただ、このプロセスにやはりニューラルネットワークが使われている、ということだけを述べておく。

いつのまにか似ても似つかないものに

以上の説明をお読みいただければわかると思うが、脳のニューロンを模したアルゴリズムであるニューラルネットワークは、独自の進化を遂げて、もはやオリジナルとは似ても似つかないものになりつつある。その意味では寺前がニューラルネットワークとニューロンは動作原理が全然違うという結論を出したのも、致し方ないように思える。

ただトランスフォーマーにせよ、GANにせよ、拡散モデルにせよ、文字と画像という違いはあるが、意味があるものとないものを区別できる地図を作っているという点では同じだということは言える。この地図があるからこそ、何もないところから文章や画像を「生成」しているように見えるという離れ業が可能になる。

生成AI一つとっても、これだけ多様なアルゴリズムが採用されているわけだが、それらに共通するなんらかの性質があるだろうか。私の答えは「YES（ある）」である。

なぜ、そう思えるのか。実は、私と同世代で、かつて非線形物理学の研究をしていた研究者から見ると、いま、生成AIで起きていることは、いつか見た風景だからだ。20世紀末に一部の物理学者は、私がそうだったように非線形非平衡多自由度系と呼ぶ研究を旺盛に行っていた。この分野は、当時ようやく誰でも使えるようになったコンピュータを用いて盛んに研究されるようになった分野だった。

それまでのコンピュータは体育館のような大きな部屋に鎮座していて、そこまで行かないと使えない代物だった。しかし、技術革新が進み、高い処理能力を持つパソコンの普及で、自分の研究室で簡単にシミュレーションができるようになった。

さらに体育館のような大きな部屋に鎮座しているコンピュータのほうも飛躍的に性能が向上し、スーパーコンピュータと呼ばれるようになり、インターネットを使えば、遠隔で自在に扱えるようになった。研究者たちが興奮したのはいうまでもない。

それまでの「シミュレーション」といえば、現実にあるものを計算機で再現するという意味だったのが、計算が手軽にできることも相まってみんなが「自由な」モデルで計算をするようになり、最盛期には「一人1モデル」とまで言われるようなった。

非線形非平衡多自由度系とはなにか

ここで「非線形非平衡多自由度系」という言葉の意味を今一度、説明しておこう。「非線形」という言葉は簡単にいうと「1足す1が2にならない世界」ということである。現実世界では、複数のものが組み合わさった結果、その総計以上の力が発揮されることは頻繁に起きるので、ある意味、現実世界を想定していると思っていい。

「非平衡」というのは、平衡に達した静的な状態ではない、ということだ。例えば人口は減ったり増えたりするわけだが、これは平衡に達していないからである。こちらも、世の中には平衡に達していないものが多いから、「非線形」と同様にむしろ現実に即している。

最後の「多自由度系」というのはたくさんの要素が集まっていることを意味する。例えば、水や空気は原子や分子がたくさん集まっているので多自由度系だ。これまた当たり前のことである。

つまり、「非線形非平衡多自由度系」は、突き詰めると「現実世界」に他ならない。そんな当たり前の世界を対象にした研究が20世紀末に脚光を浴びたということは、それまでは（高性能のコンピュータの出現までは）そういう研究があまり行われてなかったことを意味する。

なんのことはない、自然科学の王様みたいな物理学でも長らく「現実世界」は扱えなかったわけだ。それがコンピュータのおかげでできるようになったのだから、一世を風靡するのは当然といえよう。

ダイナミカルモデルが生み出す限りなく現実に近い世界

この非線形非平衡多自由度系はコンピュータの中で実行される以上、ある特徴があった。それは一種のダイナミカル（動力学）モデルだった、ということだ。ダイナミカルとは、ごく簡単にいうと「未来は現在と過去から決まっているというモデル」ということになる。

こんなことをいうと、これまた当たり前じゃないかと思うかもしれないが、それが当たり前だと思うのは、私たちが、近代科学が当たり前になった世界に住んでいるからだ。神がこの世界をコントロールしているという世界観を持っていれば、自分がどう行動したかで未来が決まるわけではなく、自分の言動を神がどう断じたかで世界が決まると思うかもしれない。運命論者だったら、自分がなにをやっても未来は変わらないと思うかもしれない。だからこの「未来は現在と過去から決まっている」と仮定するダイナミカルモデルは決して当たり前のことではなく、ある特定の（偏見に基づいた）世界観である。

これをコンピュータの中でやるという制約上、実際のダイナミカルモデルのプロトコルはかなり限定されていた。具体的には実数で定義された多数の状態量を並べたものが用意され、それらに基づいて次の状態が更新される、というモデルである。これでは話が抽象的過ぎてわからないと思うので、以下に一番簡単なダイナミカルモデルとしてライフゲーム**（図表5-3）**の例をあげよう。

ライフゲームでは、実数ではなくグレーと白の2状態のマスしかない。グレーが「生」で、白が「死」である。それぞれのマスが次の状態でどうなるかはマス自身の状態と周囲のマスの状態だけで決まっている。図のような簡単なダイナミカルモデルでも第1世代と第5世代で、一部の領域で同じパターンが一致していることから、周期4の周期運動が実現していることがわかる（5で1に戻ったので5の次の6は1の次の2と同じになる）。

このライフゲームはその簡単さにもかかわらず、極めて多彩な動的なパターンを示すことで話題になった。巨大なパターンになるほど挙動は複雑になるので、おそらくはライフゲームで可能な動的なパターンは未知のものがたくさんあるはずだ。マスの状態は2状態しかないにもかかわらず、実際にどんなパターンがでるかわからないという意味で非線形

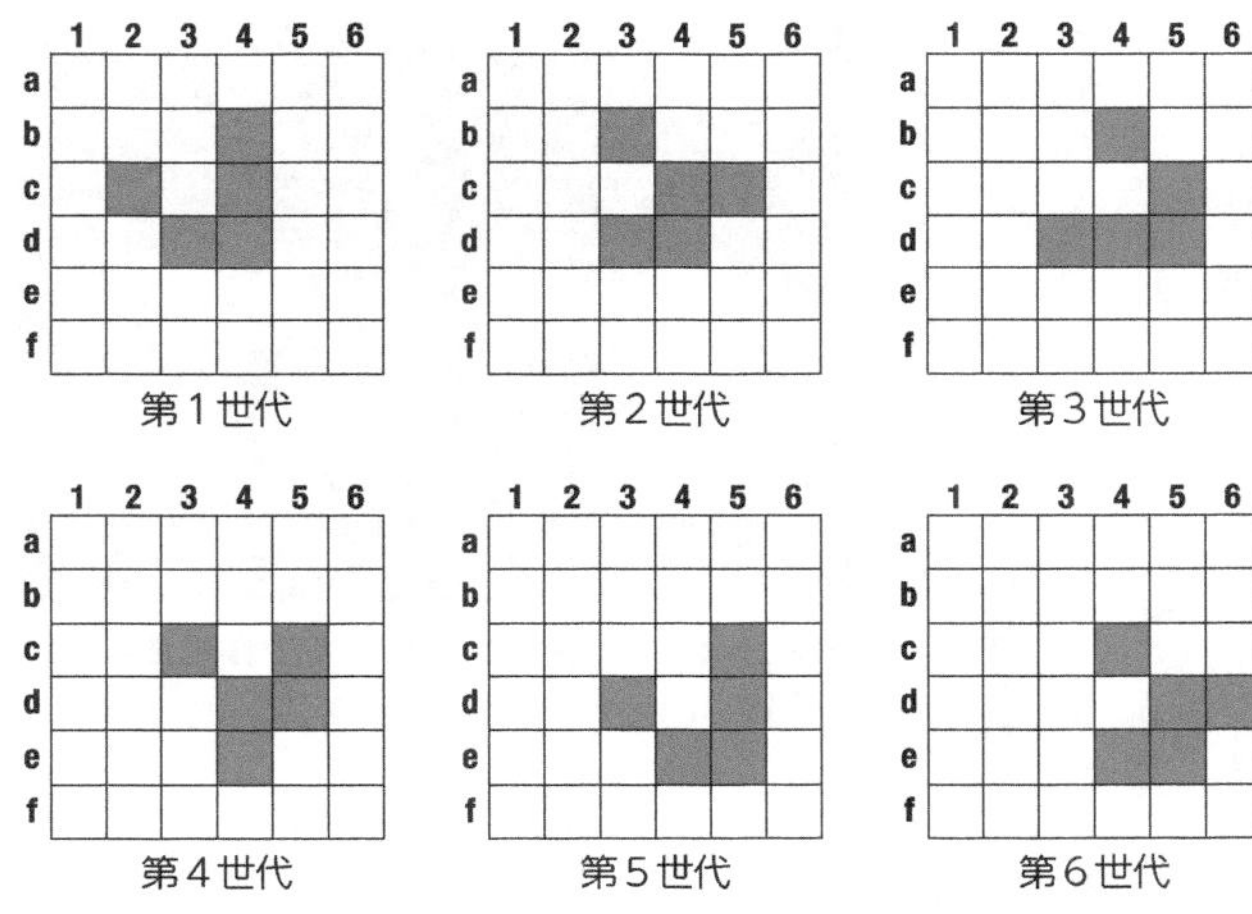

図表5-3　ライフゲーム

だし、静的ではない周期運動などもあることから非平衡、そして多数のマスがあるので多自由度系なのでライフゲームは最も簡単な非線形非平衡多自由度系であることがわかった。

数ある選択肢の中の一個の実現性

こんな調子で、物理学者たちは、みんなが勝手に好きな非線形非平衡多自由度系を構築してシミュレーションを行い、論文を書いた。その過程でわかってきたことは現実をシミュレーションする場合に、必ずしも現実と同じ原理を採用しなくてもいい、ということだった。言っていることがわからないかもしれないので例をあげて説明しよう。

図表5-4　ダイナミカルモデルで作成された雲のCG　（出所）http://hdl.handle.net/2115/24360より転載

図表5-4はあるダイナミカルモデルで作成された雲の生成のシミュレーションである。雲の生成原理は、かなりの程度まで理解されており、地表が温められて空気が上昇し、膨張して温度が下がって、空気中の水蒸気が凝結するなどのプロセスを経る。

だが、この雲の生成を再現するダイナミカルモデルには前記のような正確な情報は何も組み込まれていない。①浮力　②粘性　③拡散　④非圧縮性効果　⑤移流　⑥断熱膨張　⑦相転移　⑧潜熱　⑨引きずり　⑩液滴の落下、といった、雲の生成に重要だとされるプロセスは大まかには取り入れられているが、決して現実そのものではない。にもかかわらず、生成される雲は現実のものにとてもよく似ていた。

なんだかいい加減そうに見えるがこの発見はいまでも使われていて、特撮映画での動物の群れや群衆の動き、炎のパターンをCGで作るときに、現実そのものではないにもかかわらず、現実そっくりの結果を出す。しかも、現実を反映した正確な情報を用いたら、とんでもなく時間がかかるが、ダイナミカルモデルは、現実モデルよりも圧倒的に早く遜色

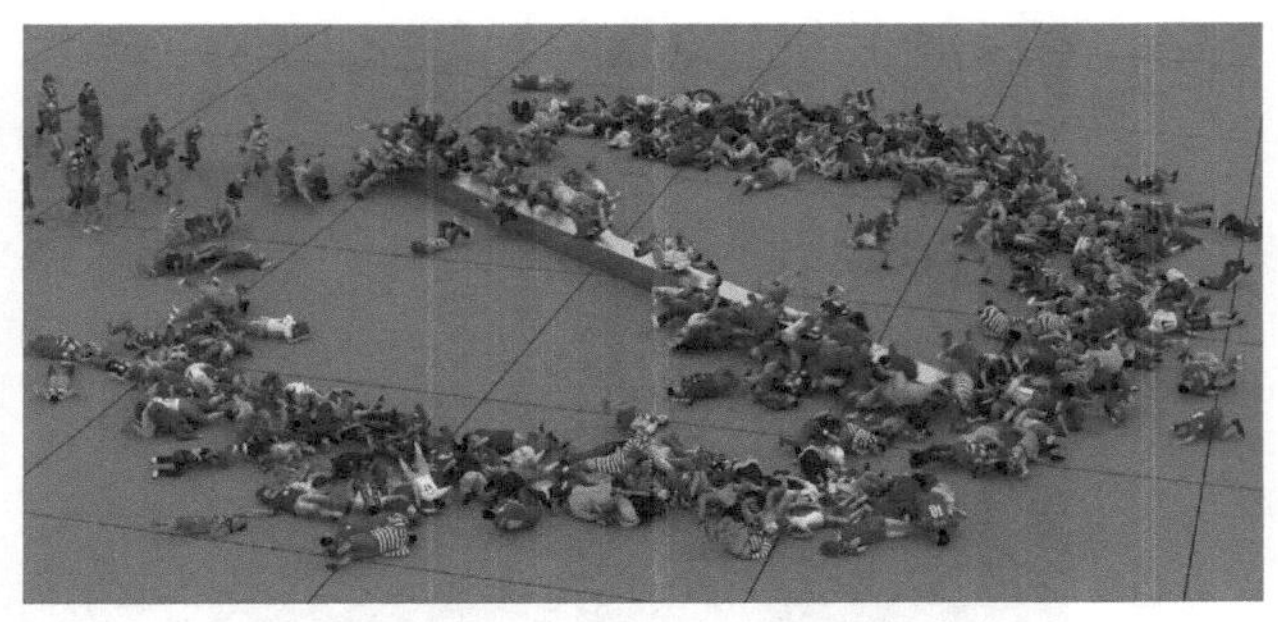

図表5-5　群衆シミュレーションで作った画像
回転する巨大な棒に群衆がなぎ倒されていく
（出所）https://cgtracking.net/cg-soft/maya/miarmy/より転載

のない結果を叩き出すのである。

図表5-5は群衆シミュレーションで作成された画像である。CGで描かれた人物はもちろん、現実の人間ではないが、動きだけ見ると群衆が動いているときのように見える。これなども現実のシミュレーターであるダイナミカルシステムの応用例である。**図表5-6**は、水の動きをシミュレートしている動画の一シーンだが本当に流体の運動を計算しているわけではなく、ダイナミカルシステムでそれらしい映像を作っているだけだが非常に精緻である。

なんで現実と違うことをしているのに現実を作ることができるのか、というと、要するに現実を再現できるダイナミカルシステムは実は無限にあり、多数のダイナミカルモデルが同じ現実を作り出せ、そして、我々の現実はその多数の中のたまたま選ばれ

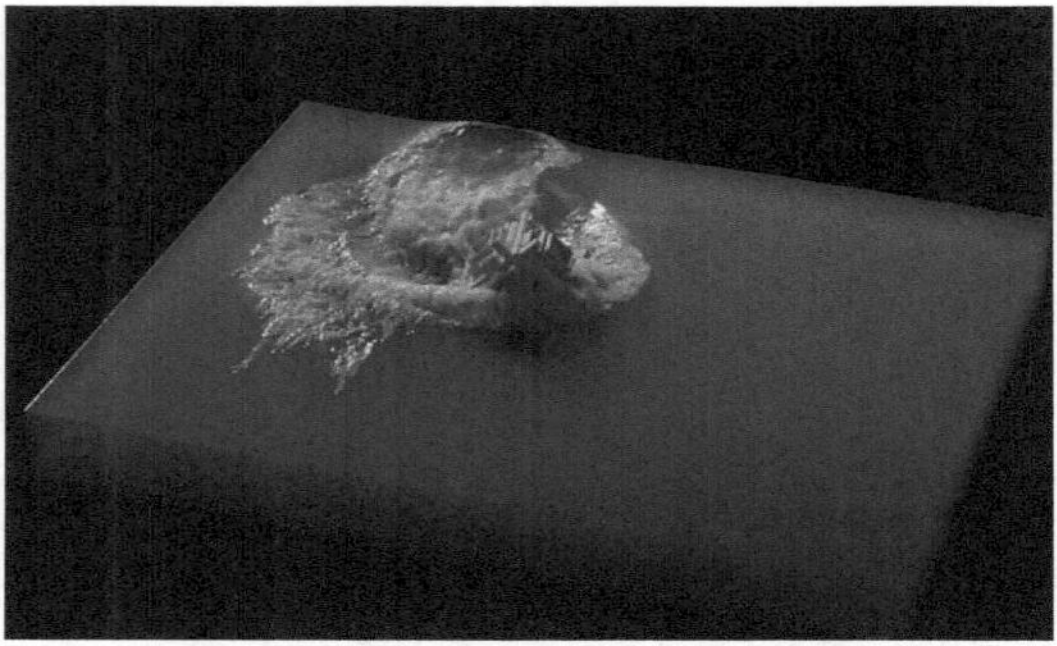

図表5-6　水の動きをシミュレートしている動画の1シーン
（出所）https://www.youtube.com/watch?v=NN0SbcReOek&t=2s より転載

た一個に過ぎないということなのである。

この現実の世界はいろいろな可能性があるものの中の一個の実現性に過ぎない、みたいな考え方は普遍性（ユニバーサリティ）と呼ばれ、物理学者が割と好んで使う考え方だ。現実と同じことが起きるには完全に現実と同じである必要はなく、なにかキーとなる要素があれば本質的に同じことが起きるはずだ、という信念に基づいている。

例えば、球が丸いのは重力のおかげで、高い山があっても長い目で見れば必ず潰れて平らになるというプロセスを経るので、凸凹はならされて球にならなくてはならない、と考えられる。単に球になるというだけなら現実の重力の要件である逆2乗則、つまり、距離の2乗に反比例して弱くなる、という性質は必要ないはずだ。その意味では「地球が丸い」という世界の普遍性（ユニバーサリティクラス）は「重力が引力だ」という条件を満たすだけでいい。したがって、「地球が丸い」

という世界をシミュレートするには、さまざまなやり方が許されるはずである。

これは重力だけの話だが、同様なことが現実の世界でも広く成り立つのなら、現実の世界をシミュレートできるダイナミカルシステムも無数にあるはずであり、それが正しいからこそ、現実をなぞらないシステムでも雲が形成されるのだ、ということになるわけだ。

賢い読者はもうわかったと思うが、生成ＡＩがやっていることはまさにこれなのである。生成ＡＩは現実と見まごう会話や映像を作り出すが、それは決して内部に同じ現実を実現しているということではなく、計算機で扱えるような、しかし、現実をかなり正確に再現できるシミュレーターを作成しているに過ぎないのである。

物理学者はなぜ生成ＡＩを作れなかったのか

前世紀の末に非線形非平衡多自由度系が現実を高精度で模すことがすでにわかっていたのに、なぜ物理学者は生成ＡＩの作成に成功しなかったのか。それは単純にダイナミカルシステムに学習させられるだけの大量のデータと、大量のデータを学習させられる計算機の能力がなかったからだと思う。20世紀末にそれらがあったら多分、物理学者は現在の生成ＡＩのようなものの作成に成功し、いまのチャットＧＰＴや画像生成のソフトを作っている研究者の地位は物理学者のものになっていたのではないかと思う。返す返すも残念なことだ。

それはネオコグニトロンが日本人である福島によって提案されながら、学習させるだけの計算機の能力がなかったためにニューラルネットワークの発明にまで至れなかったのに似ている。実際、生成ＡＩの仕組みを表現する模式図（**図表5－7**）には必ず方向を示す「→」がついている。

これこそがダイナミカルシステムの「→」、つまり時系列的なアップデートに他ならず、いまの生成ＡＩの中身は、本質的にかつての非平衡非線形多自由度系の一種である。ただ、「学習」という重要なプロセスは、物理学者が研究した非線形非平衡多自由度系には欠けていたように思う。

物理学者が生成ＡＩの成功に至れなかった、もう一つの理由は、物理現象をシンプルな方程式や法則で説明しようという志向のようなものがあり、「世界は単純な少数個の法則で書けるはずだ」という思い込みが働いたからだろう。それが災いして、物理学者はどれだけモデルを簡単にしても本質が失われないかということに目がいってしまい、現在の生成ＡＩのようにやたらと複雑で何をやっているのかチンプンカンプンだが、アウトプットの精度は素晴らしい、みたいな方向には目が向かなかったというのも大きいだろう。理学と工学の違い、理学の限界ともいえるかもしれない。

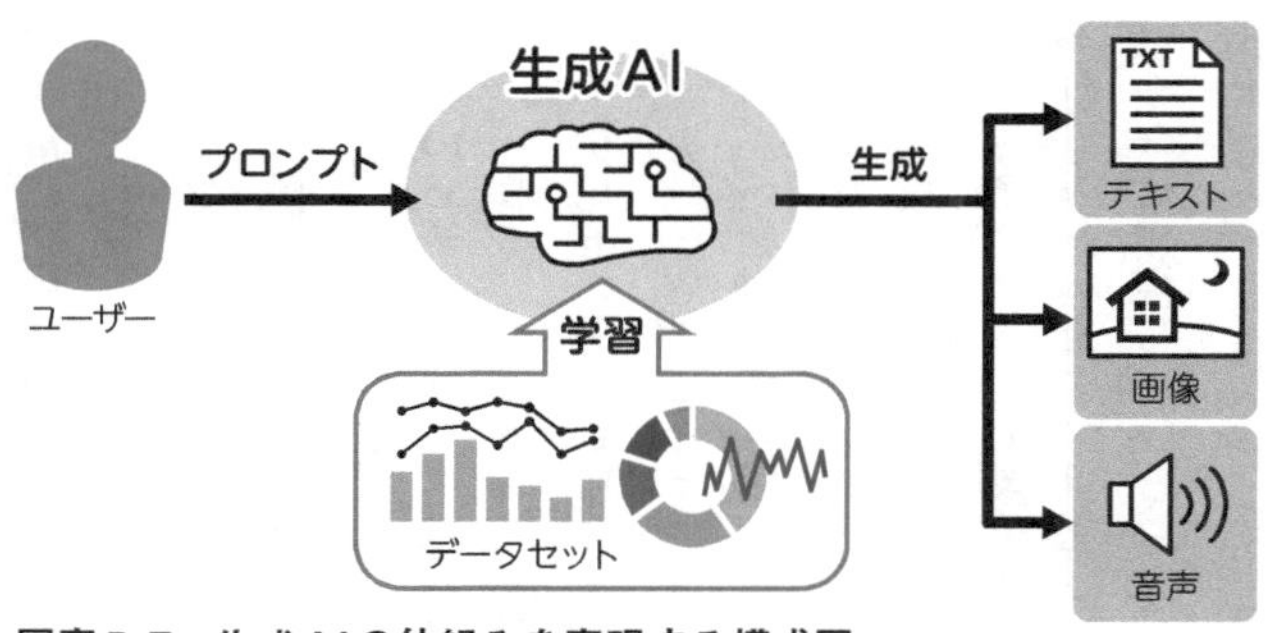

図表5-7　生成AIの仕組みを表現する模式図

学習プロセスを実装できなかったために20世紀末にはダイナミカルモデルで現実をシミュレーションすることはできなかったが、うまくやればできることは知られていた。現在の生成ＡＩはその延長上にあると見ることができるだろう。このような観点からすると現在の生成ＡＩは我々の大脳と同じように現実世界のシミュレーションを巧妙に実行している機械システムだと考えることができるだろう。

Ｓｏｒａの失敗からわかる生成ＡＩの限界

生成ＡＩが現実世界のシミュレーターだというのは著者だけの考えではない。その象徴ともいえる成果が、オープンＡＩが作った動画生成ソフト「Ｓｏｒａ」だ。

Ｓｏｒａは、適当な要望（プロンプト）を言語で与えるとそれに対応した非常に出来のいい動画を作成する。Ｓｏｒａはその入力されたプロンプトの長さ（短さ）に比べて非常に高精度のビデオクリップを作成できたので人々の度肝を抜いたが、オープンＡＩはＳｏｒａをただの動画生成ソフトとは位置づけていない。

オープンＡＩはＳｏｒａを現実世界のシミュレーターと位置づけているようである。これは実際、Ｓｏｒａの作ったビデオクリップの失敗例を見るとよく実感できる。例えば、Ｓｏｒａが生成した椅子を掘り出すシーンのビデオクリップがある。

このビデオクリップは非常によくできていて、地面や椅子を掘り出す人物の出来は非常にいいのに、なぜか椅子が柔らかい物質でできているように、ぐにゃぐにゃ曲がってしまったり、宙を飛んでしまったりしている**（図表5-8）**。それはあたかもＳｏｒａが物理法則をちょっと間違って理解してしまったか、あるいは椅子は（人が座るものだから）そんな柔らかい素材でできているわけはないという「常識」を持っていないかのように思える。

この中途半端なリアルさから考えてＳｏｒａは正確に現実を模すことを目的としているのではなく、内在的なルールに基づいた現実のシミュレーターだと言っていいのは間違いなさそうだ。本当に現実を模すことが目的で学習がされているなら、椅子だけぐにゃぐにゃ動くみたいなミスは犯さないはずだ。もっともらしい映像であっても、現実の物理法則を完全に無視している以上、画像生成の内在的なルールが誤っていると考えたほうがわかりやすい。

図表5-8　Soraが生成した、砂浜から椅子を掘り出すシーン
椅子がふわふわと動いたり、ぐにゃぐにゃ曲がったりする
（出所）https://youtu.be/lfbImB0_rKY

知能とは事物の地図を脳内に作ること

ＬＬＭの場合も同じようなことが言える。ＬＬＭが学んでいるのは人間の言語だけだが、実際には（前述のように）トークンの地図、という形で仮想的な世界を構築していると言える。ＬＬＭは意味を全く理解していないが、雲の生成原理をちゃんと反映していないダイナミカルモデルが雲を作ってみせたように、入力された言語に対して適当な応答を作れるダイナミカルモデルだと考えることができる。

トークンで地図を作ることが知能だというのは違和感があるかもしれないが、実際、冒頭で言及したレッドウッド神経科学研究所（現レッドウッド理論神経科学センター）を設立した神経生理学者ジェフ・ホーキンスはチャットＧＰＴが世間を席巻するのに先んじて「１０００の脳理論」を提案し、知能とは事物の地図を脳内に作ることだと喝破していた。「１０００の脳理論」というのは、脳はいろいろなありうる可能性の中から現実を記述するのに適当なものを選んでいるに過ぎない、という意味であり、ダイナミカルモデルを使えば、現実を十分な精度でシミュレーションでき、生成ＡＩとはそのようなダイナミカルモデルを学習で構成することに他ならないという、私の立場と一致する。

実際、数式処理ソフト、マセマティカの開発者として有名なウルフラムも、チャットＧ

ＰＴの発表からほどなくある文書を発表した。それは『ChatGPTの頭の中』（ハヤカワ新書）というタイトルで邦訳されているが、その中でもＬＬＭが本質的にダイナミカルシステムであることが強調されている。マセマティカの開発者というイメージが強いウルフラムだが、もともとは私と同じく昔は非線形物理学を研究していた物理学者だった（と言っても私とは比べ物にならないほどずば抜けて優秀な科学者だったのは言うまでもない）。ゆえに彼が私と同じような結論になるのは理の当然だと思われる。

脳も生成ＡＩも、現実世界のシミュレーターという意味では等価であるとみなすことができる。

このような立場に立てば従来の人工知能研究、古典的記号処理パラダイムや身体論的人工知能がうまくいかなかった理由も理解できる。前者は論理演算だけで知能は作り出せると想定し、ハードウェアとは独立にソフトウェアだけで知能が記述できると考えたが、脳が現実をシミュレートするアナログコンピュータのようなものであれば、デジタルコンピュータで同じものが作れるという保証はなく、また、実際にできないから失敗したと見るのが妥当だろう。

身体的人工知能論は、脳の知能の成立に身体が要るというところまで踏み込んだのはよかったが、脳自身がシミュレーターであるというところに踏み込めなかった。最終的には非線形非平衡多自由度系の末裔である深層学習が、脳とは異なった、しかし、十分に正確な（代替可能な）現実シミュレーターとして最も成功したモデルになった、というのが「知能とは現実をシミュレートする機械装置である」という考え方の帰結となる。

コラム　目覚ましい成果をあげるディープラーニング

深層学習や生成ＡＩの「成果」について述べることは本書の主眼ではないが、どのような成果があがったかを書いておくのは悪くはないだろう。

画像認識については、コンピュータが画像だけから外界を認識できるようになったことは大きい。それまでは認識する事物のサイズなどを事前に入力しなくてはならなかったが、生成ＡＩや深層学習のおかげで初見の物体でも認識することができるようになった。これは大きな進歩である。特に１枚の画像（静止画）の処理速度が動画の１コマの表示時間（通常は１秒30コマなので１／30秒）以下になったことで、動画のリアルタイム画像認識が可能になったことは実用上のインパクトが非常に大きい。

これによってロボットに「壺を取ってきて机に置け」というような指示が可能になった（あらかじめ壺の形状を指定しなくてよくなった）し、また、自動運転も可能になった（自動運転の場合、周囲の事物の形状をあらかじめ全部覚えておくのは無理である）。今後、ロボットや自動運転でこの「画像だけから外界を認識できる能力」が大きな利点となって、技術的に多くのブレークスルーを生むことは疑問の余地がない。

一方で、この本ではほとんど触れることができなかったが、一般の人が日常的に触れることのない分野でも多くの成果をニューラルネットワークや生成AIはあげている。例えば、分子生物学の分野ではアミノ酸の配列だけからタンパク質の構造を推定することが重要とされているが、長いあいだ十分な精度で行うことができなかった。

タンパク質はアミノ酸と呼ばれる20種類の分子が順番に並んでいるだけの単純な構造だが、この並び順だけで直線状の分子であるタンパク質がどのように折りたたまれてどのような立体構造を取るか、ということが長いあいだ計算不能であった。

基本的に、実験的に構造のわかっているタンパク質を参考に、似たようなアミノ酸配列のタンパク質の構造を推定するという機械学習の方法が使われていたが、それでもうまく予測ができていなかった。

ここでもご多分に漏れずニューラルネットワークが彗星のごとく現れて、何十年もこの研究に従事している研究者を差し置いて、隔年で開催されるコンテストでトップの成績を取ってしまった。そのソフトの名前はAlphaFoldといい、名前からわかるようにAlphaZeroを作ったGoogle DeepMind社の手によるものだった。このソフトは2024年度のノーベル化学賞を受賞したことで一躍有名になった。

AlphaGoは人間に勝利すればそれで終わりだが、AlphaFoldによりアミノ酸の配列からタンパク質の構造が理解できるようになれば、その結果を使っていろいろな研究ができるようになる。ある意味、AlphaGoなんかよりよっぽどインパクトが大きく、現在でも分子生物学の研究に大きな貢献をし続けている。

また、深層学習は創薬の分野でも大きな貢献をすることが期待されている。我々が薬と呼んでいるものは多くは化合物で、タンパク質と結合することで薬効を発揮することが多い。疾患によっては、原因となるタンパク質を作る遺伝子が特定されているものがある。このような場合、標的のタンパク質と結合する化合物を見つけるだけで、手っ取り早く創薬ができることになる。

これは「アミノ酸の配列を与えたら、これと結合する化合物を探せ」という問題になるので、「薬である化合物とその化合物が結合することはわかっている、タンパク質の組」をたくさん用意すれば、機械学習で創薬につながる化合物を見つけ出すことができるはずだ。すでに多くの製薬会社がこの試みを始めている。

機械学習による創薬は、化合物を対象とした機械学習だが、化合物に対する機械学習は他にもある。マテリアルズインフォマティクスという分野では化合物の組成から物性を予測する機械学習が盛んに行われている。従来は、さまざまな化合物がどんな機能を持つのかは予測できないので、作って試してみるしかなかったが、マテリアルズインフォマティクスがうまくいけば「○○という性能がある化合物を考えろ」という直截的なアプローチが可能になる。

　これは原理的には「○○が映っている静止画を生成しろ」という問題と同じなので、枠組みとしては生成AIのテリトリーであり、すでに多くの研究がある。ただ、現状では生成AIが提案する化合物は合成が難しいものが多いので、合成の容易さも加味して、化合物を生成する生成AIを作ることが目下焦眉の急となっている。

　最後になったがある意味、これが一番革命的かもしれないが、医療画像で診断を行う研究がいろいろ進んでいる。一つは病理診断。がんになっているかどうかは最終的には資格のある病理医のテリトリーであるが、病理医はいつも不足気味なので、画像診断を機械学習で行って病理医は確認するだけにすればかなり労力が削減されるだろう。あるいは、コロナ禍のときに、肺のレントゲン写真からコロナかどうかを診断するシステムが考案された。実際に診断に使われたわけではないと思うが、十分な精度があるとされた。

　最後にいまや一般的になった顔認証も深層学習が使われている。中国に行けば認証がみな顔認証になっているのは有名な話だし、日本でも例えば、出入国のパスポート確認は顔認証でいいことになっている。このように深層学習や生成AIは一般の人々の目に触れない分野でも革命を起こしつつあるのである。

第6章　なぜ人間の脳は少ないサンプルで学習できるのか？

生成AIを上回る効率性を持つ脳

ここまでは生成AIも人間の脳も現実のシミュレーターに過ぎず、異なった限界を持っている、ゆえに、人間の脳は錯視という誤った情報処理を行うし、一方、生成AIは椅子がぐにゃぐにゃになるような誤りを引き起こす、それぞれが異なった間違いを内包したシミュレーターなのだ、ということを語ってきた。

一方で、現実のシミュレーターとして人間の脳に匹敵するような性能を持った生成AIが、人工知能研究の長い歴史の中で、なぜ、このタイミングで現れたかというと、学習に必要な大量のデータとそれを処理できる大容量のメモリで高速な計算機の登場が必要だったからだ、ということを述べてきた。

ここまではあまり議論してこなかった生成AIと人間の脳の問題として学習プロセスの問題がある。でき上がってしまった人間の脳と生成AIは異なったやり方で現実を解釈しているシミュレーターだということができるが、大量のデータを必要とする生成AIに比べて、人間の脳ははるかに少ないデータ量で学習することができる。

犬を初めて見る幼児であっても、数匹の犬の画像を見せられて「これが犬だよ」と教えられればかなりの精度でそれ以後の人生で初めて見るはずの犬を、犬だと認識できるようになる。一方で、ＬＬＭは世界中のありとあらゆる文字情報を読むのに匹敵するような大量の文章を学習して初めて、人間のように話せるようになったが、勿論、人間は、はるかに少ない言語情報から言語を習得できる。

この学習プロセスの問題は、あくまで、生成ＡＩと人間の脳という異なったシミュレーターの異なった学習プロセスの問題であり、でき上がった知能そのものを議論することを主眼とする「知能とはなにか」という本書の主題からはやや外れているのであるが、この章ではこの問題について少し考えてみよう。

まず、断っておくが、この問題は、ニューロンの集合体がなぜ知性を発現するのかを人間が理解していないのと同じように、まだ解決がついていない。なので、あくまで現状、どのような説があるのか、ということについての概説と私自身の意見を書くことに留める。

先天的バイアス説

これは誰しも考え付きそうな説である。人間の脳は世界シミュレーターであるといっても、学習しないといけない世界が最初から決まっているのだから、まっさらの状態で学習を始めるより基本的な部分は遺伝的に組み込んで、学習が済んだ脳がある程度完成した状態から追加で学習を行ったほうがよいのは明らかである。

実際、人間の脳は突然現れたものではなく、進化の過程で出現したものであり、進化の過程で基本的な機能は学習した状態で遺伝子に組み込まれていても全くおかしくはない。このような立場に立つもので最も有名なのは何と言ってもチョムスキーの生成文法論だろう。普遍文法と呼ばれるすべての言語の文法のプロトタイプになるようなものを人間の脳は最初から学習していて、だからこそ幼児は簡単に言語を獲得できるという説だ。この説はとても魅力的だが、私の知る限りあくまで理論的な学説に過ぎず、実際に人間の脳に存在している普遍文法の形が実験的に決定されたとか、あるいは、ニューロンの働きから導出されたということはないと思う。なので、現状、大脳が言語を生得的に理解しているという説はあくまで仮説の範囲を出ていない。

また、この説には脳の可塑(かそ)性に抵触するという大きな問題がある。脳卒中などで脳を破壊され、手足が不自由になった人間でもリハビリによって再び手足を動かせるようになるが、これは破壊された脳が修復されたわけではなく（神経細胞は基本、再生しない）、脳の他の部位が手足の制御に転用されることで起きていることがすでに知られている。

本来、手足の制御に使われていなかった領域が手足の制御に使い回せるというのは、脳があらかじめなにかを学んでいてハードワイアードされているという生得説と非常に整合性が悪い。実際、脳をニューロンの結合体の機能とみなすコネクショニズム（この考え方は本書の大脳観にも近い）からは激しく反発を受けて、『Rethinking Innateness』（原題はそのものずばりで「生得性再考」。邦題は『認知発達と生得性』共立出版）という本まで出版されて大きな批判が巻き起こった。

残念ながらこの問題はいまでも決着がついているとは言い難く、脳の生得性とはいかなるもので、もしあるとしたらニューロンのどのような活動で実装されているかは最先端の研究課題にとどまっている。この本で先に述べたような観測手段による観測データはたくさんとられているので、そこからこの課題を解明しようというのはホットな研究課題であり、逆に言うとまだこの本に確信をもって記述できるような話はほぼないということになる。

現状できていること[*1]は非侵襲な観測手段を用いて、言語処理が脳の特定の部位で行われており、言語が異なっても（例えば日本語と日本手話）それが同じ部位で行われていることから、なにかしら生得的な言語処理機構が脳の特定部位にハードワイアードされているということの解明までである。実際の動作機構と脳の可塑性との折り合いが解明するのはまだ先のことだと思われ、人間がなぜ少ない情報からシミュレーターとしての知能を解明できるかを説明できるようなレベルには到底到達はしていない。

＊1　https://www.jst.go.jp/kisoken/crest/report/sh_heisei15/gakusyu/sakai.pdf

メタ認知説

脳が少サンプルから学習できるのは無意識下のメタ認知が働いているからという説である。メタ認知とは、自身の心の状態を認知する能力のことである。複雑なタスクを実行するには大量のデータが必要だが、「自分の心の状態を参考に行動を決めるということを脳はできていることが示唆された」という研究がある。この場合、少ない情報はまず人間の心の状態を変化させることに影響を与えて、その心の変化をさらに脳が認識して学習することで少ないデータからでも学習できるという仮説である。[*2]

確かに、メタ認知はわずかしかデータがない場合でも効率よく学習することを可能にするが、そもそも、「心の状態」なるものが複雑な外界のデータを処理してわかりやすい「心の状態の変化」に翻訳してくれなくては、メタ認知で学習することはできない。したがって、メタ認知を使った学習を脳が利用していることはわかっても、そもそも、心がどうやって複雑な外界の情報をわかりやすい「心の状態の変化」に翻訳しているかはわからないので、肝心のところは未解明な仮説である。

実際の実験は以下のように行われた。まず、脳の非侵襲な観測から、人間の決定を予測（ここではスクリーン上の点がどっちに動くかの予測）できる機械学習を作った。そして、（被験者に

＊2　川人光男「脳が少数サンプルから学習する仕組み」2020年度AIPシンポジウム成果報告会　https://aip.riken.jp/sympo/sympo202103/

は理由を告げずに）人間の内面の予測どおりの決定をした場合には報酬を与えるという学習をさせる。この場合、人間は「何に対して正解／不正解が下されているか」は知らされないのだが、それでも自分の内面の決定どおりに実際の決定を下すことで正解を得ていることを学べるという実験である。これはもし、この内面の決定、いわば人間の勘のようなものがうまく働いているならば、それを使って素早く学習をすることができることを意味している。

この研究ではそもそもなんで人間の勘のようなものが正解を予測できるのかということは検証されていないので（ただし、全く説がないわけではない。例えば、章末コラム「アンコンシャスバイアス」参照）本当の意味で少数のデータから学べる理由にはなっていないが、それが解明されればなぜ人間が少数個のサンプルから学習できるかの説明になるとされている。

制約条件説

これは脳そのものではなく脳型人工知能の結果だが、ヒトの動きの動画を学習させるときに関節の動きなどを別途学習させておくと、おそらくあり得ない動き（腕が逆方向に曲がる、など）を学習しないので学習が速くなるということが観測された。[*3]

現在の生成ＡＩの文脈で言うと複数の情報（動画と関節の動き等）を学ぶ学習はマルチモー

＊3　https://www.jstage.jst.go.jp/article/jjsai/34/6/34_817/_pdf/-char/ja

ダル学習といってまだまだ課題が多い分野であるのに対して、人間は「映画の映像を見ながら、セリフを耳で聞き、さらに映像内の看板の文字を読む」みたいなことが普通にできるので、それらの整合性から学習範囲が狭まって、その結果学習が速くなるということはありそうである。

これは前述のようにまだマルチモーダルな生成ＡＩが発展途上であること（これがうまくいっていればＳｏｒａは映像に映っている物体の堅さのようなものも、一緒に学習できるのでぐにゃぐにゃ動く椅子の映像などは作成しなくなるだろう）、実際の脳でこのような制約が学習の加速に寄与していることが示されていないことなどから、あくまで仮説に過ぎないが、マルチモーダル学習という生成ＡＩはできていないが人間はできていることと直接かかわっているだけに、「なぜ、生成ＡＩは膨大なデータを必要とするのに、人間は要らないのか？」に対する一定の解答になる可能性があり、今後の研究が待たれるところである。

ベイズ統計説

これは人間が少サンプルで学習できるということの説明としてもっともよく用いられる仮説であるが、他の仮説と同様、非侵襲や侵襲の手段で実測されたニューロンの活性に実際にベイズ統計が観測されたとかいう話ではないので、他の説と同じように仮説に過ぎない。

ベイズ統計の話はややこしいので、本書では詳しい説明を端折るが、二つの物事が起きる確率を考えるとき、それらが同時に起きる確率（同時生起確率）と一方が起きたという前提で他方が起きる確率（以下、条件付き確率）は異なるという性質を使って情報を認識するのがベイズ統計の手法である。

ベイズ統計がなんで便利なのかを例をあげて考えてみよう。応用例はメールのスパムフィルターである。メールに含まれている単語からスパムメールかどうかを決めることを考える。前提条件として、すでにたくさんのメールにスパムかどうかを判定するラベルが付いているとする。

欲しいのは「ある単語が含まれていたらスパムである」条件付き確率であるが、これは結構計算が大変である。個々の単語がスパムメールとそうでないメールに何個ずつ出てくるか計算しなくてはならず、この計算を単語ごとにするのは面倒だ。

だが、逆の「メールがスパムであるときにある単語が出てくる」条件付き確率の計算は簡単だ。スパムだと判定されたメールを全部一個のファイルにして単語が何回出てくるかの表を作り、全単語数で割ればいいからだ。ベイズ統計では、

「ある単語が含まれていたらスパムである」条件付き確率×「ある単語」の出現確率＝

が成立する。「メールがスパムであるときにある単語が出てくる」条件付き確率はもう計算してあるし、「ある単語」の出現確率や「スパムメール」の確率はすぐ計算できるので、結局、計算が面倒な「ある単語が含まれていたらスパムである」という条件付き確率も簡単に計算できる。

これはある意味「スパムメールであるとはどういうことか?」という難しい問いに確率で簡単に答えることができるようになった、つまり学習したということが自然にできていることになる。

「メールがスパムであるときにある単語が含まれている」条件付き確率×「スパムメール」の確率

もう一つ違う例で説明しよう。例えば、あなたは一塁ランナーで投手のフォームを盗んで二塁に盗塁したいとする。あなたが欲しい確率は「投手がある仕草をしたら牽制球を投げる」という条件付き確率であろう。だが、あなたはそれを直接知る必要はなく、「牽制球を投げたときに投げる前にどんな仕草をしたか」という振り返りと、投手が牽制球を投げる確率、投手がある仕草をする確率の3つを知っていればいい。なぜなら

「投手がある仕草をしたら牽制球を投げる」条件付き確率＝「牽制球を投げたときに投げる前にある仕草をした」条件付き確率×牽制球を投げる確率／投手がある仕草をする確率

が成り立つからだ。牽制球を投げる確率や投手がある仕草をする確率は比較的計算しやすいので、「牽制球を投げたときに投げる前にある仕草をした」条件付き確率が大きいもの、つまり、よくする仕草に注目しておくだけでいい。脳が無意識のうちにこういう情報処理をしておけば、いろいろな確率（いまの場合は「牽制球を投げる確率」や「投手がある仕草をする確率」）を前提に知りたい確率を計算することができる。これが少ないサンプルでも学習ができる、という仮説である。

このようにベイズ統計を使うとわかりにくい確率をわかりやすい確率で簡単に計算することができる。脳がこの仕組みを使っていれば少ないデータからでも簡単に学習できる。もっともニューロンが実際にベイズ統計に基づいた学習をしていると証明されたわけではない。

「なぜ人間の脳は少ないサンプルで学習できるのに生成ＡＩはできないか」についていくつかの仮説を述べてきたが、まだ、決定的なものはないことがおわかりになっただろう。

むしろ、最近は逆にこのような知見を使って生成ＡＩに少サンプル学習をさせようという研究[※4]のほうが盛んである。この研究ではわずか数百の画像から画像生成ＡＩを（精度はいまいちなものの）作ることに成功している。

なにしろ、脳のほうは人間には制御不能なブラックボックスであるのに対し、生成ＡＩのほうは人間のほうでいくらでもいじれるのである。ひょっとすると「人間の脳はなぜ少サンプルで理解できるのか？」がわかるより先に、生成ＡＩのほうが少サンプルで学習できるようになってしまって、この章で扱った疑問自体が雲散霧消してしまうことになるのかもしれない。

＊4　https://serchirag.github.io/rs-imle/

コラム アンコンシャスバイアス

日本では理工系に進む女子が極端に少ない。どこの国も理工系に進む女子なんて少ないだろう、と思うかもしれないが、昨年（2024年）、カリフォルニア工科大学の入学生の女子率が50%を超えたと同大の大栗博司教授がX（旧ツイッター）に投稿して[*5]衝撃を与えたのは記憶に新しい。必ずしも理工系に進む女子がどこの国でも極端に少ないわけではないようだ。

だが、制度面から言ったら日本は（少なくとも学生段階では）男女差別は非常に少ない。数年前に私立医大で女子受験生の配点を恣意的に下げていたことが暴露されて大問題になった。逆説的だがこれがここまで大問題になるということは、逆に言えばあからさまな男女差別はまれだということなのだ。じゃあ、なんで平等なのにこんなに理工系に進む女子が少ないのか？

その大きな理由とされているのがアンコンシャスバイアス（無意識の偏見）だ。女子が中等教育段階で理工系に進もうとすると多くのバイアスに基づいた助言がされるという。いわく、女子で理工系に行く人は少ないから苦労するからやめろ、理工系に行くとモテない、どうせ結婚して家庭に入るんだから大変な思いをして理工系に進まなく

＊5 https://x.com/PlanckScale/status/1820602918984458307

ても、等々。その多くは「本人のためを思って」発せられる。あからさまに言われなくても女子はそういう雰囲気を敏感に感じて理工系を忌避する。この説（アンコンシャスバイアスのせいで女子が理工系に進まなくなる）が本当に正しいかどうかはさておき、なぜそのようなアンコンシャスバイアスが生じるのか？

実際、このような偏見は機械学習にそのまま反映されてしまっており、機械学習で採用システム（応募してきた候補者の中の誰が社員としてふさわしいか？）を作成したら現在の社員に女性が少ないという理由で女性の候補者が（女性だというだけで）有意に低くスコアリングされてしまったという笑えない事態が起きている。

アンコンシャスバイアスは必然的に生まれるものだ、と主張する『Sway』[*6]なる本が数年前にイギリスで刊行されてかなり話題になったことは日本ではあまり知られていない（翻訳はされていない）。

同書には以下のような主張が記載されている（ただし、この本は、アンコンシャスバイアスの主に人種差別の面を扱っており、女子に対するそれだけを重点的に扱っているわけでない）。

〈人間が日々受け取っている情報は膨大で、とてもそのままでは処理しきれない。これを人間の意識が扱える程度に情報縮約する必要がある。そのプロセスは中立的に行うことはできず、なんらかの偏ったフィルターが必要になる。アンコンシャスバイア

＊6　Pragya Agarwal, *Sway: Unravelling Unconscious Bias*　2021/7/22

スとはこの過程で生じるもので不可避的なものだ〉

同書では、このほかに、背が高いほうが有意に金持ちになりやすい、とか、アクセントがおかしい人物は低く見られやすい、とか、本来の能力と無関係な特徴で人が評価される例をあげ、それがなぜ生じてきたかを議論している。

このような偏見は進化の過程で生まれてきたものであり、少なくとも過去には、合理的なものであったというのが著者の主張だ。

その意味では、錯視が2次元の情報からの3次元の再現という無理難題で不可避的に生じたのと同じように、アンコンシャスバイアスも、外界の膨大な情報を素早く処理するためのフィルターの副作用、すなわち、「認知的な錯視」のようなものなのかもしれない。

もちろん、だからと言って人種差別は仕方ないとかいう話ではないのだが、なんらかの認識の偏りは必ず生じるので不可避的だ、という主張は、本書の「生成AIも人間の知能も異なったやり方で現実をシミュレートしているシミュレーターに過ぎない」という主張に一脈通じるものがある。知能とはなにかを正しく解釈するというより、生存のための外界認知を作成するシミュレーターに過ぎない、という主張に。

第7章　古典力学はまがい物？

地球上の生物が進化で獲得した「現実シミュレーター」古典力学

「生成ＡＩと脳という二つの別の「知能」があり、それらは全く異なった形で現実を解釈するシミュレーターだ。今後も無限個の「異なった現実シミュレーター」としての知能が出現するだろう」という話をしたら違和感を覚えるかもしれない。

しかし、実は我々はすでにそれを持っている。それは古典力学である。古典力学とは高校で習う普通の物理学のことである。多くの読者は高校で習った物理学の内容を覚えていないだろうから、ごく簡単におさらいをしてから先に進みたい。なおこの章は難しいと思ったら読み飛ばしてもらっても構わない。この章の存在意義はあくまで我々の脳による現実シミュレーションは生成ＡＩのそれに比べてさして正確なものではないということを強調するためだけのものなので。

高校の物理で習ういわゆる力学の分野にはいくつかの定理のようなものがある。そのすべてを思い出す必要はない。必要なものだけちょっと思い出してもらおう。例えば

力＝質量×加速度

という式がある。質量とはなにか、みたいな話はとりあえずしない。簡単には「何kg」みたいな重さだと思っておけばいいだろう（もっと正確に思い出したいという向きには拙著『学び直し高校物理』〈講談社現代新書〉をお勧めしておく）。

加速度、というのは速度の時間変化である。時速100km（毎時）で走っている車が1時間で110km（毎時）まで加速したら、加速度は10km（毎時・毎時）になる。「毎時」が2回ついてしまうのは速度のときにすでに毎時が1個ついているのでその1時間あたりの変化量が加速度なのでもう1個毎時がついてしまうことによる。ややこしい話だが、これ以外に定義しようがないのでご勘弁いただきたい。またこの式は「ある質量にある力が加わったときの加速度」の式とみることもできるし、「ある質量にある加速度が生じているときの力」の式、とみることもできるが、最悪、その意味がわからなくても以下の議論には関係ない。

さて、ここでちょっと爆弾発言をするのであるが、この三つの登場人物、「力」「質量」「加速度」のうち、「実際に存在する」のは質量だけで、力と加速度は人間の脳が作り出した概念構築的な構成物だ、と言ったらびっくりするだろうか？

「そんな馬鹿な。物理法則というのは人間の存在と関係なく成立する絶対的な真実だと習ったぞ」と言われるかもしれない。それはそうなのだが、我慢してもうちょっとお付き合いいただきたい。

まず、この式は確かに数学的な式ではあるが、この概念自体は別に人間が考え出したもの、というわけではなく、他の生物と共有されている概念である。

例えば、あなたが犬を飼っていると考えよう。ご存じのとおり、犬を飼っていれば、定期的に散歩に連れて行かなくてはならない。散歩の途中で、紐を外して、犬を自由に走らせることのできる「ドッグラン」で飼い犬とたわいない遊びに興じることもあるだろう。一番簡単（?）な飼い犬との遊びといえば、棒を投げて取ってこさせるお馴染みの奴だろう。あなたが棒をえいっとばかりに投げれば、飼い犬は、棒が落下するのを待たずにだっとばかりに落下地点に走り出すはずだ。

これはつまり、あなたが棒を投げた瞬間に、犬はそれがだいたいどのあたりに落ちるのか想像できているということである。つまり、（空気抵抗を無視すれば）棒の落下地点は初速と投擲（とうてき）位置（つまり、あなたの手から棒が離れた位置）だけで決まるということ（前記の式から導かれる帰結）を知っている、ということだ。

いまは犬の例をあげたが、ある程度高等な哺乳類は同じ世界観を共有しているはずだ。そうでなければ、捕食者と被食者の争い、食物を得るための争い、子孫を作るための配偶者の争い、すべてで敗北してしまうだろう。この世界観を共有できなかった個体は淘汰圧で絶滅したはずだ。逆に言うとこの式は、進化の過程で生命体が構築した概念だ、ということがわかる。

しかし、生物が構築した概念だからといって現実の法則とは言えない。

理解できないが現実世界を支配している量子力学

高校の物理学にはほとんど出てこないのであるが、量子力学という学問がある。量子力学というのは原子や分子のような微粒子をミクロで扱う科学で、我々の日常には関係ないと思っている人も多いのだが、それは全くの誤解で、量子力学は我々の日常生活も支配している。じゃあ、なんでそれに気付かないのか、というと前記の式に代表される古典力学が非常によくできた嘘だからだ。

例えば、量子力学の世界では、「運動量と位置を十分な精度で同時に測定することはできない」という「不確定性原理」と呼ばれる法則がある。ここで「運動量」という耳慣れない言葉が出てきて戸惑うかもしれないが、

運動量=質量×速度

なので、質量は一定だから「運動量と位置を十分な精度で同時に測定することはできない」は「速度と位置を十分な精度で同時に測定することはできない」であると思ってほしい(「だったら、最初から「速度と位置を十分な精度で同時に測定することはできない」と書けよ」と思うかもしれないが、実は速度自体がすでに「人間の大脳が作った概念規定的な量」なので量子力学にはでてこないので仕方がないのだ)。

さて、ある位置でどんな速度を持っているか、決してわからないのに、加速度なんて定義できるだろうか? 勿論できないのである。加速度が定義できない以上、力=質量×加速度という式は成り立ちようがなく、したがってこれはまごうことなき嘘っぱちなのだ。

「そんな嘘っぱちがなんで成り立つのか? それをなんで学んだりしたのか?」というのは簡単な話ではない。もし、生物が量子力学の世界を直接理解できる能力を獲得していたら、あるいは、この本の文脈でいえば正しい世界シミュレーターを獲得できていたら、古典力学なんてなくても構わなかっただろう。我々の日常世界も量子力学に従っている以上、別に量子力学を直接知覚すれば済むはずで、古典力学みたいなまがい物をあいだに挟む必要なんてないはずだからだ。

だが、それは非常に難しい。例えば、不確定性原理に従えば、静止は存在しない。なぜなら、静止とはある場所に速度ゼロでいることだからだ。静止を認識するには、物体の位置と（ゼロである）速度を同時に観測できないといけないが、それは禁止されているのだ。静止という概念が存在しない世界観なんて考えたくもないだろう。

ただ、これはちょっと誇張した話をしているのであって、現実には「十分な精度」という要求がとても緩く、人間の知覚の範囲内では同時に求めていないとは思えないほど誤差が小さいので我々には物体が静止して見えるわけだ。なので、量子力学を直接知覚する世界シミュレーターの脳を持った生物がいたとしても、そいつは静止状態を「物体の速度が（非常に小さい誤差の範囲で）ほぼゼロで、だいたいこの辺にいる状態」とは認識できるだろうから「静止」という概念がなくても実用上は困らないと思われる。

天才物理学者もついぞ疑うことのなかった古典力学

ここでは脳が認識している世界が現実とは異なったものだということを強調するためにやや誇張した表現をとってはいるが、要するに現実を十分に正しく記述できる世界シミュレーターを実現したとしてもそれが真実とは限らないし、そういうもの（＝正しくはないが現実を十分に正しく記述できる世界シミュレーター）は、古典力学という形ですでに生命体の脳の中に実在しているのだから、生成ＡＩが全く別の方法で同じようなことを成し遂げてしまったとしても驚くには全く当たらない、ということだ。

実際、この（本当は間違っている）古典力学を、20世紀初頭に量子力学が発見されるまでは当時の物理学者は完全に信じ込んでいて、なんの疑いも抱いてはいなかった。

世界最高の数学者であったラプラスは「ラプラスの悪魔」という存在を考えた。古典力学が正しければ、世界の未来は過去の時点での初期状態（すべての物体の位置と速度）が決まれば決まるので、十分に高い計算力を持った存在がいれば（まあ、そんなのはいないからそれをラプラスは悪魔と想定したわけだが）、それは世界の未来を未来永劫理解している全知全能の存在になるだろう、と予言した。古典力学にちょっとでも瑕疵の可能性があると思ったらこんな壮大なことは思いつきようもないから、当時の世界最高の知性たちがどれほど古典力学を信じ切っていたか、この逸話からも明らかだろう。

量子力学と古典力学がどのように食い違っていて、その食い違いを人間（の脳）はどうやって認知的に乗り越えているかみたいな話はいくらでも書けるのだが、それは横道にそれ過ぎるのでこれくらいにしておく。

騒ぎ過ぎるのは非常に危険だ

ここでは単に世界を十分な精度で記述できる世界シミュレーターには一意性が全くなく、

だから、ＬＬＭや生成ＡＩがいくら世界を「理解」しているように見えても、それは我々にとっての理解とは似て非なるもので、むしろ、同じであるほうがおかしい（偶然がすぎる）ということさえ理解してもらえればいい。

それはいまだ知能というものがなんだかよくわからないのに、知能がないとできない（と思われる）ことが達成されたらそれは知能が実現できたとみなそうという（チューリングテストに代表される）いまから考えると非常に甘い見通しで人工知能研究を始めてしまったことの帰結なのである。あわてて付け加えるが、決して人工知能研究をさげすむ意図はなく、自分が当時同じ立場だったら同じように考えて研究を始めてしまったと思うし、それが甘い見通しだったというのは完全に後知恵だ。そもそも人工知能研究を始める人がいなかったらいまの生成ＡＩやＬＬＭも存在しなかったと思うので人工知能研究を始めたことを揶揄する気持ちは欠片もない。

ただ、だからといって、いまの生成ＡＩやＬＬＭをみて「いずれ自我や意識が生まれる」と騒ぐのは非常に危険だ、ということだ。自我や意識というのは人間の世界シミュレーターとしての大脳の機能であると思うべきだし、安易にいまのＬＬＭや生成ＡＩがそれを獲得したと言ってしまったら、我々の大脳という世界シミュレーターそのものと等価なものを作ることに成功したということに成りかねないが、それは大いに軽率な話だということなのである。

最近、深層学習をベースとした機械学習[*1]は古典力学をシミュレートできる能力を示しつつある。勿論、中身は力＝質量×加速度みたいなものでは必ずしもない。にもかかわらず、「ある時点での位置と速度を与えたら未来永劫その軌跡は決まっている」を実現しているようにしかみえないものを作ることができているのだ。

非常に正確な、しかし胡乱な世界シミュレーターである古典力学をこれまたシミュレートできる機械学習が作れるということはとりもなおさず、（十分に正確な）世界シミュレーターとしての「知能」の可能性は無限にあり、人間の脳と生成ＡＩやＬＬＭはその無数にある世界シミュレーターのたった二つのリアライゼーションに過ぎないと思うのが、もっとも妥当な見解である可能性が非常に高いということなのである。

＊1　https://doi.org/10.48550/arXiv.2410.14724

コラム　コンピュータチェス、将棋、囲碁

本文で述べたコンピュータゲームにおける革命を先導したGoogle DeepMind社が挑んだのは、囲碁である。[*2]彼らは過去の囲碁の対戦のデータをニューラルネットワークで学習させることで、人間のプロ棋士に対抗できるだけの性能を目指した。

機械学習は性能をあげるためには大量の学習データを必要とする。長い歴史のある囲碁にはプロ棋士クラスの「強い」勝負が何百万盤面も残されておりこれを学習データに使うことができた。だが、DeepMind社のAlphaGoはそれに加えて「自己対戦」という機能を使った。自己対戦はAlphaGoどうしを戦わせることで新しい学習データを作成し、それをAlphaGo自身が学んでまた強くなる、という方法である。

一見、このような方法では強くなれないように思えるがそうではない。通常、トップクラスのプロ棋士が1局を終えるには数日の時間を要するがAlphaGoにはそのような制限はない。たくさんのコピーを作って並列に戦わせれば、いくらでも多数の対戦をすることができる（このあたり、「はじめに」で述べたヒントンの懸念の元になったのかもしれない）。

AlphaGoは128万対局（盤面の数、ではない！）の結果を学習に利用した。その結

*2　https://www.slideshare.net/slideshow/AlphaGo-61311712/61311712

果、多くの人間には未知の指し手を取得したのだ。人間のトッププロが負けたときにAlphaGoの指し手は「アルファ碁の囲碁は既存の観念では説明できない」とまで評された。[*3]

特に囲碁では後半に攻略されるべき中央に、序盤から果敢に打って出て人間のプロを当惑させた。おそらく、人間のプロ棋士も遠い未来にはAlphaGoのレベルに到達できたものと思われるが、AlphaGoは膨大な数の自己対戦を行うことで未来の囲碁を先取りしてしまったものと思われる。

現在、巷では人間を超えるＡＳＩ（Artificial Super Intelligence、人工超頭脳）が可能なのか、とか、可能だとしたらいつ現れるのか、などの議論がかまびすしいが、単に「現状の人類の知性を超える」というだけならAlphaGoはその一種だと言うこともできる。

ただ、注意すべきなのは、これは単に知識の先取りに過ぎない、ということだ。いわゆる神童と呼ばれる存在には2種類あり、単に早熟で早く成長しているためにその年齢相応の能力からは逸脱しているが、成長とともにその優位は失われて、成人までに普通の人になってしまう場合と、本当に天才で、成人を迎えてもその優位を維持する場合とがある。このAlphaGoのＡＳＩ性はあくまで前者のタイプであり、ＡＳＩとはなにかという議論にも注意は必要だ。

＊3　https://japanese.joins.com/JArticle/213108?sectcode=450&servcode=400

一見、ASIに思えるものはいずれ登場するだろうが、単に未来を先取りしているだけなのか（それだけでも十分すごいが）、それとも本当に人類には到達できない高みに達しているのかは注意が必要だろう。大学で普通に教えられている数学だってできた当時は一握りの天才しか理解できない「高度な」概念だったのだから。

自己対戦で人間を超えてしまったAlphaGoはその後、人間との対戦を「無意味」としてやめてしまったが、その後も進化は続いている。

AlphaGoの後継となったAlphaZeroは囲碁、将棋、チェスなどの対戦ゲームをすべてこなすことができた。その理由は人間の過去の対戦から学ぶという手順を完全にやめてしまい、対戦ルールだけを与えてあとは勝手に自己対戦で進化する、という方法に切り替えたからだ。このおかげでどんなゲームでも汎用に強くなるソフトを作ることができた。

このAlphaZeroの能力はなかなかに驚異的だった。AlphaGoの後継バージョンであり、自己対戦だけから作られ、人間のトッププロに勝利したAlphaGoをしのぐ性能を誇ったAlphaGo Zeroをわずか8時間の学習で凌駕した（対戦成績は60勝40敗）。自己学習のみで作られたものとしては、AlphaZeroより前の、かつ、最初のバージョンであるAlphaGo Zeroが旧モデルのすべてに勝利するのに40日以上の学習を要したのとあまりにも対照的だった。

　このルールを与えて自己対戦から学べばいくらでも強くなれるという発見はいろいろな意味でインパクトが大きかった。例えば、AlphaZeroの後継であるMuZeroは対戦ルールまで学習するようになった。つまり、囲碁や将棋、あるいは、もっというならビデオゲームでさえ、対局の推移を見守るだけでルールを類推して学習し、さらにルールを学習した後は自己対戦で強くなっていく。

　この話が、本書のテーマである知能とはなにか、という問い、そして、知能とはシミュレーターであるという答えになぜ関係しているかというと、実際に囲碁や将棋の盤面で戦略を練っていたAlphaZeroと違い、MuZeroはなんらかの形で盤面やビデオゲームの画面を表現する別の空間で戦略を練るようになったということだ。つまり、MuZeroは現実の世界をそのまま扱っているわけではなく、内部で作り上げた「現実の解釈空間」の中でシミュレートをしている。つまり、まさに本書でいうところの「現実に解釈を加え、その解釈の中でシミュレートする」を地で行っているAIなのである。

第８章　知能研究の今後

人間の脳と生成AIは「現実シミュレーター」として性能はどちらが上なのか

今後、知能研究はどのような方向に進むのだろうか。一つのありうる方向性としては多様性が進むことが考えられる。現在の生成ＡＩという枠組みは基盤モデルの学習と、転移学習というアーキテクチャの枠内にある。ＬＬＭがトランスフォーマーという特定のアーキテクチャを使い、また、画像生成ＡＩが拡散モデルという個別のアルゴリズムを使っているとは言っても、基盤モデル＋転移学習というアーキテクチャの外側にあるわけではない。この枠組みは世界シミュレーターとしては人類の脳とはかなり違う側面を多々持っている。

例えば、生成ＡＩはその学習のために非常に巨大なモデルと膨大なデータを必要とするのみならず、実際に答えを生成する場合にも膨大な計算資源を要する。このため、生成ＡＩが普及すると省エネルギーが要求される地球温暖化問題に大きな影響があるのではと言われるほどだ。

これに比べると人間の学習ははるかにわずかなデータしか要求しないし、また、エネルギー効率的にも極めて優れている（ちなみに脳は人間が消費する全身のエネルギーの20％を消費していると言われている。脳は重量的には約１・２〜１・４kgで、体重の２〜２・５％を占めるに過ぎないから、生成ＡＩに比べれば効率がいいとは言っても他の臓器に比べて異常に大量のエネルギーを要しているのは間違いない）。

実際、人間の脳は経験的に生成ＡＩに比べて非常にわずかなデータを見ただけで本質を理解して学習する能力を持っている。

これはおそらく、人間の持っている世界モデルのほうが、生成ＡＩが持っている世界モデルよりずっと現実に近いので、より少ない学習量で世界を把握できるからだろう（おそらくは長い進化の淘汰圧のおかげで）。このような本質的な違いがある以上、生成ＡＩと人間の脳以外に有効な世界シミュレーターが一つもないとは考えにくい。いつのことかはわからないが、生成ＡＩでも人間の脳でもない全く異なったアーキテクチャに基づく第３、第４の人工知能が誕生すると思われる。

知能の研究は「世界シミュレーター」をどう作るのかになる

人類はいままで知能とは人間の知能のことであると考え、知能研究は人間の知能の研究であり、そして、人類の知能こそが唯一無二のあり方であり、知能の研究＝人類の知能の研究だという立場でなされてきた。しかし、生成ＡＩの登場で、知能の研究とはむしろ世界シミュレーターをどう作るかという問題だということが明らかになったのだというのが私の意見だ。

研究では非常に難しいと思われていたはずのことができるとなると、一気に等価な別のものが次々と開発され、なんでいままでこれが発見されなかったのだろう、と不思議な想いにとらわれることが多いが、（人工）知能研究もそのフェーズに入ったと思っていいだろう。

かつて人間が空飛ぶ機械が作れるかどうかで相争っていたのは多分に、空を飛ぶ＝鳥や虫の飛行だと思い込んでいた部分が大きい。最大の飛行生物である鳥でも、人間よりたいして大きくない以上、ジャンボジェットみたいなものが可能だとはなかなか想像できなかっただろう。

実際には飛行機械はできてみれば、回転するプロペラという生物の羽ばたきとは似ても似つかない原理で飛行を実現した。いまの生成ＡＩも自然界＝人類の脳とは全く異なった原理で知能を実現した世界シミュレーターだったということになるのだろう。

その意味では今後、人間の脳でも生成ＡＩでもない「知能」が開発されることが期待される。

脳を培養して知能デバイスを作る

一つの方向性は、脳の培養を行うことで（中身がわからなくても）知能デバイスとして脳細

＊1　https://levtech.jp/media/article/column/detail_352/

胞を使うことは現実的な方向性としてありうると思われる。現在の脳科学研究は本書でここまで述べてきたように、実際にどのように動くかはわからなくても、動作させることはできつつある。これは人工知能とは違うのだが、別の意味で「人工知能」のようなものとして扱われるだろう。

私にはその「第三の知能」というものがどんなものか全く見当がつかない。そもそも機械学習の延長上にある生成ＡＩが、人間が知能を使わないとできないと思っていた多くのタスクを人間の知能の再現なしに（人間の知能とは別のやり方で）解くことができるようになるとは全く思っていなかったので、私の未来予測なんてあてにならないだろう。

何が許され、何が許されないのか

一方、応用面ではいろいろなことが想像できる。例えば「こういうアニメ／ドラマを30分で作って」とお願いするとすぐに作ってくれるようになるだろう。自分の好きな映画やアニメを探すのは大変だが、今後は一人一作品の時代がくるのは見えていると思われる。実際、一部の広告業界ではユーザーごとに個別に刺さる動画を作って見せる、という試みがすでに始まっているようだ。アマゾンの商品のリコメンデーションにみるまでもなく、通販サイトはすでにかなり昔から、消費者のニーズをつかむ技術には長けていた。それを応用して消費者ごとに刺さる動画を作ることは可能だろう。

だが、それは政治的に応用された場合にはかなり危険なことになるかもしれない。ある主張を民主的に実現したい場合、有権者個別にその主張に共感したくなるような動画を網羅的に作成して届けることができるのなら、それはそもそも健全な民主主義とはいえないかもしれない。

しかし、それを禁じてしまったら、一人一人が意見をたたかわせて自分の意見を決めるというプロセスも、誰かが誰かを説得するプロセスとみなせる以上、主張を支持したくなるような説得力ある動画を見せるのはNGだが、個々人で誰かを説得するのはOKということになると、もうどこからどこまでがOKでどこからどこまでがNGなのかよくわからない世界になってしまうかもしれない。

人工超知能は実現するのか

本書を執筆するまで私はいわゆるASI（人工超知能）の可能性については結構懐疑的だった。しかし、こうやって書いてみると、人間の脳が古典力学の呪縛の範囲でしか世界シミュレーターとして機能していない以上、量子力学レベルで正しい世界シミュレーターとしての知能が実現すれば、それは部分的にはASIと呼べるものになるかもしれない、と考えるようになった。

動物の脳が量子力学をシミュレートできるような知能を発展させられなかったからといって、なんらかのシステムがそれを実現できないとは限らないだろう。人間は相互作用が非常に強い場合の量子力学的な粒子の性質を理解するのに四苦八苦しているが、最初から量子力学を模すことを目的とした世界シミュレーターとしての知性が実現することが全くないかというとちょっと自信がなくなりつつある。

実際、物質中の電子の電荷分布を厳密に推定できる密度汎関数法という方法があるのだが、一種の生成ＡＩは密度汎関数法が予測する電荷分布を、密度汎関数法を経ずに予測することに成功しつつあるようだ。この延長上に量子力学をシミュレートできる世界シミュレーターが構築されるという可能性が全くゼロとは必ずしも言えないので、そうなると我々は解きたい問題をＡＳＩに頼んで解いてもらい、なんでかわからないけれど結果は確かに正しい（実験には一致する）みたいな時代がやってこないとも限らない。

コラム 自律型AI

2024年度のAI研究者のノーベル賞受賞に際して、人工知能学会から声明[*2]がでて、そこにはこんなことが書かれていた。「複数のヘテロなLLMを自律型AIのようにエージェントとして構築し、マルチエージェントシステムとしてユーザとやりとりするタイプも登場しており、いよいよこれまでの道具型のAIから、高度に自律的で汎用的なAIに変貌しようとしている」。

本書の結論は自律型のAIなど無理だというものだったので矛盾するじゃないかと感じる向きもあると思うのでコメントしておく。言葉の問題になってしまうのだが、ここで自律型AIと呼ばれているものは細かい手順を指示しなくても自分で解決策をくみ上げて解決するAIのことを言っているので、自我があって自律的に稼働しているAIではなく、勿論、命令もされないのに人類を支配したりするようなものではない。自我や自律という言葉が明確に定義されないまま、懸念だけが独り歩きする現実を正直なところやや懸念している。

＊2　https://www.ai-gakkai.or.jp/about/about-us/notice/the_nobel_prize_2024/

第９章　非線形非平衡多自由度系と生成ＡＩ

シンギュラリティは起きるのか

ここまでで大体、私がこの本に書きたいと思うことは書き尽くしたので、あとは補足的にいくつかの話題を取り上げることにする。生成ＡＩは非線形非平衡多自由度系に起源を持つ世界シミュレーターとみなすことができる、というのが本書で私が主張したいことであった。現在の生成ＡＩが非線形非平衡多自由度系の末裔であるとしても、20世紀末に死ぬほど研究された非線形非平衡多自由度系の知見が十分に生かされているとは言えないのが現状である。非線形非平衡多自由度系の研究という観点から今後の生成ＡＩの発展について何が言えるだろうか？

非線形非平衡多自由度系を昔研究していた人間の立場からして非常に気になるのは深層学習、あるいは、生成ＡＩにおいて、このまま大規模化が進めばどこかの時点で相転移が起きてシンギュラリティが達成されるのでは、という意見である。この本ではシンギュラリティという言葉を意図的に避けてきたが、シンギュラリティとは機械学習が人間の知能を超える、あるいは、少なくとも同等の能力を獲得することを言う。

これまで見てきたように、筆者は、生成ＡＩは人間の知能とは別系列の全く異なった世界シミュレーターであるという立場なので、発展することで人間の知能と同じものになることはないと考えるが、それとは別にこの「サイズが大きくなれば臨界点を越えて相転移が起きてシンギュラリティが実現する」という考え方には違和感がある。実のところ、前世紀に非線形非平衡多自由度系の研究は非常にたくさんされたが、相転移というべき定性的な変化が、素子数を増やすだけで実現するという研究はほとんどない。というか全くないと思うのだが、そこまで断言する自信はないのでほとんどないという言い方をしているが、多分、存在しないのではと思う。

非線形非平衡多自由度系の研究は物理学者がやっていたせいもあるのだと思うが、起源は気体や液体みたいな多数の同じものがたくさん集まったときに起きる現象を扱っているので、そこで起きる相転移というのは、単純に数が増えたから起きるものではなく、温度とか圧力とか密度みたいなサイズによらないマクロな示強変数（温度や密度や圧力は体積を倍にしても変わらないので量ではなく、なにかの「強度」を示すのでこう呼ばれる）が変化したとき起きるもの、とされていた。そのとき、仮想的に素子の数は∞と仮定されていたので、そもそも、そういう枠組みでは数が増えることで、相転移が起きるという考え方は湧いてこない。

非線形非平衡多自由度系の中には（深層学習ではない従来型の）ニューラルネットワークの研究もたくさん含まれていてさんざんやられたと思うが、素子数が増えたら定性的な変化（相転移）が起きた、という話は寡聞にして知らない。

数が増えれば相転移は起きるのか

素子数が増えていって人間の脳の域に達すれば、シンギュラリティが起きて生成ＡＩは人間を超えられるというのはわかりやすい考え方ではあるが、そもそも、ここまで見てきたようにニューラルネットワークのミクロな動作原理は、人間のニューロンの集合体とはかなり違うのでそれはややナイーブ（幼稚）な期待ではないかな、と正直思う。

ただ、非線形非平衡多自由度系の研究で行われていたのは、相互作用などのパラメータを固定したままサイズを増やすという研究が主だったのに対し、現在の生成ＡＩの研究はモデルのパラメータは学習によって決まるものなので、サイズが増えることによって間接的に値が変化してその結果相転移を迎える、ということはあるかもしれない。

それでも、数が増えたらシンギュラリティが起きるというのは20世紀末にニューラルネットワークをその一部に内包する非線形非平衡多自由度系の研究をさんざんやった身からするとかなり楽観的なのではと思えてしまう。ただ、私は非線形非平衡多自由度系の研究の専門家だと名乗りながらチャットＧＰＴをはじめとするＬＬＭがこんな性能を出すことを全く予見できなかったので、今回もまた単純に間違っているだけかもしれない。

AIは人類の脅威になるのか

次に、生成ＡＩがシンギュラリティを獲得したら人間に敵対し、人類の脅威になるのでは、という危惧がよく流れてくるが、これについても非常に懐疑的である。

まず、今の生成ＡＩやＬＬＭは入力に対して出力を返すだけの受け身のシステムであり、自律的に動作する原理は内包されていない。出力をまた入力につないでループを構成すれば形式的に自律的なシステムは確かに構成できるだろう。しかし、それでも生成ＡＩは非線形非平衡多自由度系の一種であることは免れない。すでに非線形非平衡多自由度系においては自律的なダイナミカルシステムであっても固定点（静止）、リミットサイクル（なにかの繰り返し）、そしてカオス、以外の軌道はないことが確立された事実として判明している。この３つでは人類を脅かすような自律的な心を持ったシステムは構成できないのはあまりにも明らかだろう。

実際、非線形非平衡多自由度系では自己意思を持った自律的なシステムは無理という話は業界の常識になっており、逆にどうやったらそのようなシステムが構成できるかというのは、人工知能とは別の人工生命という分野だと認識されている。

シンギュラリティを起こした生成ＡＩが人類の脅威となるにはまず自律した存在でなくてはならないだろう。ならばまず知能を持つ前に生命に相当するなにかを持っていなくては始まらないはずだ。生命とはなにか、というのは、知能とはなにか、と同じくらい昔から人類が追求してきていまだにちゃんとした答えが得られていないという点では知能に勝るとも劣らない問題である。

なので、ここで生成ＡＩがシンギュラリティを迎えて人類の脅威となるために生命を獲得するにはどうするか、という話を始めるのはあまりにも無理があるように思う。

私に言えるのは今の生成ＡＩ、基盤学習＋転移学習という枠組みはどんなに高度に発展したように見えても所詮は非線形非平衡多自由度系の枠内の話であり、その外側に出て行かない限りは、固定点でも、リミットサイクルでもカオスでもない動力学は実現できるはずもなく、したがって自律した意識を持って人類の脅威になったりは決してできないだろう、ということだけだ。そんなことより、人間が高性能ＡＩを悪用するほうがよっぽど起こりやすく、危惧すべきことだと思う。

人間の知能と生成ＡＩの知能の違い

実際、多くの場合、この自我や自律の有無、というのは人間の知能と生成ＡＩの知能の大きな違いである。だが、ここで混同すべきではないのは、知能の仕組み、シミュレーターとしての知能という観点は自我や自律の有無とは別物だ、ということだ。自我や自律はないが、知能のシミュレーターとしては人間型はあり得るし、逆に生成ＡＩとは全く違うアーキテクチャ（たとえば人工生物を使ったアーキテクチャ）であれば、自我を獲得し、自律的に振る舞う現実シミュレーターが登場する可能性は否定しない。要は、自我の有無と知能の高低は独立して論ずべき命題なのである。現在の知能をめぐる議論は多くの場合、ここがきちっと分けられておらず、自我や自律の有無と知能の有無が独立ではないかのような議論がされていて、結果、知能を持っているとしたら、人間と同じように自我や自律も当然のように備えているだろう、という仮定が無批判に受容されているように私には思える。

この本で議論してきたように知能にはいろんなパターンがあり、個々の知能は異なった現実のシミュレーターに過ぎない。だから、人間の知能という数多ある現実シミュレーターの一つに過ぎない知能が、たまたま自律や自我を備えていたとしても、他の知能（例えば生成ＡＩ）も自我や自律を備えているとは限らない、と思う。だからこそ、私はヒントンが主張するように、生成ＡＩが発展した結果でき上がるだろう高度な知能が自動的に自我や自律を獲得して人類を危機に陥れるだろう、という懸念には共感できないのだ。これ以上のことは私の手に余るので、この件についてはここで筆を擱（お）きたいと思う。

コラム リザーバコンピューティング

後世への概念的な影響はさておき、技術的な点、つまり、いままでは解決できなかった難しい問題を理解する、解く、という観点では語るべき成果をほぼ残せなかった、物理学者による20世紀末の非線形非平衡多自由度系の研究だが、一つだけ語るべき成果を残している。それはリザーバコンピューティングというものである。

リザーバコンピューティングは非線形非平衡多自由度系に入力層と出力層をくっつけた構造をしている。この非線形非平衡多自由度系の部分がリザーバと呼ばれている。**図表9-1**で、リザーバはニューラルネットワークで書かれているが、そこはなんでもいい。非線形非平衡多自由度系の研究の文脈で言えばニューラルネットワークも深層学習もどちらも非線形非平衡多自由度系であることには変わりなく、その意味では他の非線形非平衡多自由度系を持ってきても構わない。

ニューラルネットワークや深層学習とリザーバコンピューティングの差は、リザーバ部分のパラメータは決め打ちされており、学習によって更新しない、という点である。まさに、高速の計算機や、大規模データがなく学習に進めなかった非線形非平衡多自由度系そのままである。入力層は非線形非平衡多自由度系にとっては「外力」と

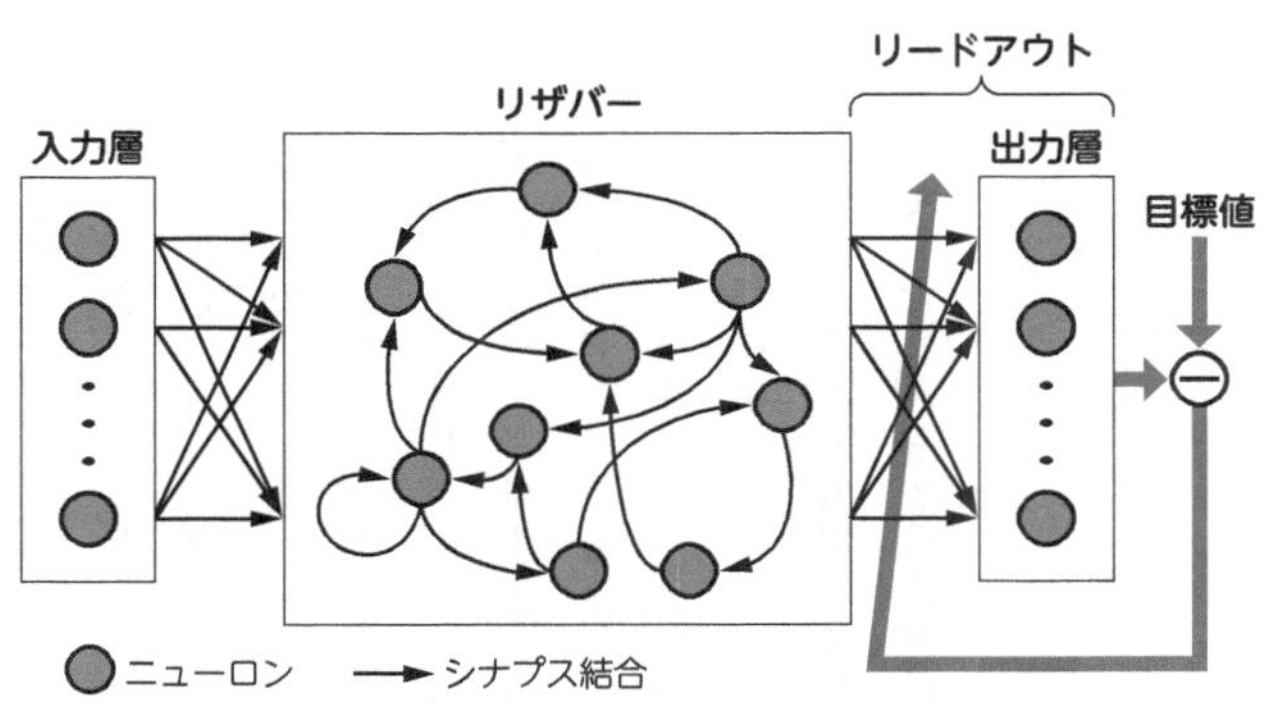

図表9-1　リザーバコンピューティングモデル

（出所）https://www.skillupai.com/blog/tech/reservoir-computing/ より転載

して扱われる。

つまり、もともと自律的に駆動している非線形非平衡多自由度系に入力層は一種の外乱として作用し、非線形非平衡多自由度系のダイナミクスに変更を加える。出力層は、このリザーバの適当な部分から状態を読み込んで変換し、出力する。実際に学習が行われるのはリザーバから出力層への結合部分だけである。

なんでこれだけで学習が成立するのだろうか、これで学習が成立するなら、ネットワーク全体を学習して変更していたニューラルネットワークや深層学習はいったい何だったんだということになるかもしれないが、十分複雑なリザーバであれば入力の情報をもっともらしく出力する能力があってもおかしくない。出力層はそれを人間がわかるように「解釈」

していだけだ、とみることもできる。この事実はまさに本書で述べている「正しい答えを出すシミュレーターは一つではない」という主張と整合的だろう。大事なのは出力層で正しい答えを出すことだけで中身（＝リザーバ）はなんでもよく、そこには膨大な多義性がある。

それにしても非線形非平衡多自由度系に入出力層をつけただけのリザーバコンピューティングがいまになって大きな注目を集めているのを見ても、本当に前世紀末の非線形非平衡多自由度系の研究はほんのわずかなところで、答えにたどり着けなかったのだといえる。なんとも口惜しい。ちょっと状況が変わっていたら、いま、AI研究者が勝ち得ている栄誉は非線形非平衡多自由度系を研究していた物理学者に与えられていたかもしれないのだから。そしてそうなっていたら、2024年度にニューラルネットワークの研究者に与えられたノーベル物理学賞は、非線形非平衡多自由度系を研究していた物理学者の誰かに与えられていたかもしれない。

第10章　余談：ロボットとAI

現実世界で動作するロボットは、生成ＡＩの性能実験

本書の目的は知能について語ることであってロボットは必ずしも本書の主たる対象ではない。しかし、人工知能研究にとって最も難しいのは常識の習得であり、高度な計算より世界についての常識を得ることのほうが難しいというのがモラベックのパラドックスであった。この観点からすると、現実世界で動作することを要求されるロボットがちゃんと動作することは世界シミュレーターとしての生成ＡＩの性能実験でもある。したがって、実際、ロボットと組み合わさった場合、（身体性人工知能の復権という形で）生成ＡＩはモラベックのパラドックスを解決する可能性を秘めている。よって、最後にそのことを語らずに終わるのはアンバランスのそしりを免れないだろう。

ロボットの壁「視覚の獲得」

生成ＡＩがロボットにもたらしたインパクトはいろいろあるが、その一つはなんと言っても視覚の獲得だろう。この本の文脈で言えば、視覚の獲得＝よい世界シミュレーターの獲得、ということになる。実のところ工業用ロボットはかなり前から実用化されていて製造ラインのオートメーション化に大きく貢献してきた。だが、そこにはある大きな限界が

あった。ほぼ定型の同じ作業しかできないということだ。なにかの部品を摘まみ上げ、組み立て、接着あるいは溶接して製品を仕上げるという作業を工業用ロボットは器用にこなせる。だが、そのためには、ラインを流れてくる部品の大きさや向き、重さまでが同じでなくてはいけなかった。工業用ロボットはもちろんカメラがついているが(そうでなくては流れてくるライン上の部品を摘まみ上げたりはできないだろう)、同じ部品が同じ向きで流れてこなければ部品が流れてきたことを認識できなかった。それはなぜかと言えば、ロボットが教えられていたのはカメラの画像がこうなったら手を伸ばしてつかめ、というルールだけであって、それが「ライン上を流れてきた部品だ」と認識する世界モデルに基づいた行動ではなかったからだ。

だから、箱に多種多様な部品がごちゃごちゃに入っている中から、一個一個部品を取り出して並べなさい、みたいな、人間にとっては至極容易なことが、全くできなかったのだ。だが、よい世界シミュレーターである生成AIは、入力された画像データをもとに特定の物体を選び出したり、的確な3次元配置をロボットに教える、みたいなことが可能になった。このため、ロボットは、全く未知の状況でも世界を認識して行動ができるようになった。

箱に大量に詰まっている部品を一個一個取り出して並べるという問題と同じくらい面倒

だったのは、悪路での歩行だ。ロボットは、あらかじめ整地された平らな地面なら歩けても、砂利やがれきが散乱している坂道を歩くことは困難だった。ロボットは歩行困難な悪路の映像を見ても、それが何を意味するかを知るすべがなかった。だが、生成ＡＩの手助けがあれば、悪路を認識し、障害物を避けることもできるので歩行の困難さは著しく減じる。

ここに書いたのはわずか二つの例に過ぎないが、事程左様に、ロボットが「視覚＝よい世界シミュレーター」を手にしたことは大きなことだった。

ロボットの壁「操縦」

ロボットに関わるもう一つの難題は操縦の難しさだった。いま、巷にはロボットもののアニメが溢れているが、そのほとんどは主人公がロボットに乗って車のように操縦し、戦ったり作業したりする設定になっている。しかし、昔のＴＶアニメでは決してロボットは乗るものではなく、操縦するものか、あるいは、アトムのように自律して動くものだった。おそらくロボットに人間が乗って戦ったのは『マジンガーＺ』からでそれ以前はそういう設定ではなかったはずだ。

「ロボットは操縦するもの」というステレオタイプが残っていた時代の有名な特撮ＴＶドラマに『ジャイアントロボ』という作品があった。原作は横山光輝の漫画なのだが放映されていたＴＶドラマはその設定が原型を留めないまでに変更されてしまっており、いまだったら炎上しかねない代物だった。

ドラマの設定はこうだ。地球征服をたくらむ悪の組織が、世界を征服するために音声操縦の最強ロボットを作ったが、ひょんなことからその音声操縦権が、脅されてロボットを作っていた天才科学者によって、ある少年にわたってしまい、少年はロボットを操って悪の組織と戦う、という筋立てだった。それはまあ、どうでもいいのだが、この少年によるロボの操縦というのが振るっていた。例えば、悪の組織が凶悪な怪獣を放ったとする。少年はロボットを呼び出すとひとこと命じる。

「ジャイアントロボ、怪獣をやっつけろ」。これだけである。ここまで本書を読み進めてきた読者なら私が何を言いたいのかわかったのではないだろうか？　このＴＶシリーズで少年がロボに対して何が怪獣なのかということを説明するシーンは一切ない。

「ジャイアントロボ、怪獣をやっつけろ」と言われた時点でロボは何と戦うべきで、それがどこにいてどんな姿勢であるかを知っていなくてはならない。これは前述の視覚の獲得よりさらに困難なタスクだ。要するにロボはよい世界シミュレーターだけではなく、少年の心の中身のシミュレーター、つまり、少年が何と戦ってほしいと思っているかのシミュレーターも持っていなくてはならないのだ。

チャットGPTは登場したとき、あたかもパソコンの中に人間がいるのではと錯覚するような会話をやってのけたので世間は騒然となった。それは言語の大規模モデルに会話として成り立つようなよい応答をしろ、という強化学習を転移学習として施した結果だった。

いまの生成AIの技術をもってすれば、少年が「ジャイアントロボ、怪獣をやっつけろ」と言ったときに、周囲の状況でもっとも敵の怪獣らしきものを認識し、それと戦闘を始めさせるということが原理的には可能なのだ。

もちろん、現実には、ロボットに何をどう学習させるかは問題だが、うまくいけば「ジャイアントロボ、怪獣をやっつけろ」と言われただけで怪獣と戦うという仕組みが作れてもおかしくないレベルに到達しているだろう。TVドラマの中では、ほかにも「メガトンパンチをかませ」と言われただけでロボが怪獣を殴るシーンとか、「ロボ、ミサイルロケットをうて」と武器の名前を指示されただけなのに正しく怪獣に向かって発射するシーンなど、ジャイアントロボが少年の心のよい内部モデルを持っていなくては不可能なシーンが満載だった。

音声でロボットを操縦するという観点からすると、もう一つ重要なことがある。それはスクリプトの作成だ。従来なら「殴れ」と言ってロボットに殴らせるのは簡単ではなかった。腕をバランスよくスムーズに動かす命令（スクリプト）を自動生成しなくてはいけなかったからだ。

だが、いまのＬＬＭは自分でプログラムができるので「殴れ」と言われて腕を動かして殴るスクリプトを生成するというのは、不可能とは言い難いだろう。実際、最近、人型ロボットに声で「リンゴをとって」と命令し、リンゴをとってもらうというデモンストレーションビデオが公開された。[*1] ジャイアントロボは早晩実現するだろう。

生成ＡＩが実現したら失業するのはホワイトカラーだという説があるが、生成ＡＩと結びついたロボットの可能性を考えると、ブルーカラー職もどれだけ安泰なのか怪しいのではと思っている。もちろん、現状の課題はソフトウェアの問題だけでなく、ハードウェア的に滅多に修理を必要としない機構が必要だとしても、ブルーカラーの仕事の少なからぬ部分が生成ＡＩに結びついたロボットで代替されてもおかしくはないだろうと思っている。

『ジャイアントロボ』のラストシーンは、追い詰められた敵組織のボスが高エネルギー体である自己の体を爆発させ、地球を道連れに自爆しようとするのをロボが少年の命令に逆らって勝手にボスと共に宇宙に脱出して自爆し、地球を救うところで終わっている。ロボにただならぬ親愛の情を抱くに至っていた少年は泣きの涙でロボに自爆しないでくれと懇願するが、ロボはそれを完全に無視する。それを見て私は子供心に「命令を聞くだけのロボットが最後に自我を持ってふるまうなんて、なんてご都合主義なんだ」と白けた感想を

＊1　https://youtu.be/Sq1QZB5baNw

もったものだが、いまにして思えば、「ジャイアントロボ、怪獣をやっつけろ」だけで怪獣と戦えるロボットなら、少年が自爆しないでくれと頼んでも、妥当な反応は少年の希望を入れて自爆を断念することではなく、敵ボスを伴って宇宙に飛んでいくことだと（それが妥当な反応だと）学んでいたのかな、と思っている。言葉どおりにすることだけが必ずしも真意を汲んで行動することではないことを一番よく知っているのは我々人類ではなく、実はチャットGPTのほうなのかもしれないから。

あとがき

本書はかつて非線形物理学をやっていた物理学者である私が、最近の生成ＡＩの隆盛を目の当たりにして所見を述べた本である。「はじめに」にも書いたように私は決して知能の研究者でもないし、脳の研究者でもない。ただ、専門がバイオインフォマティクスであったためユーザーとして機械学習の変遷はずっと見てきた。

現在の生成ＡＩがいわゆる機械学習の延長上にあるのは論をまたないと思うし、まして、現在の生成ＡＩのアーキテクチャはかつて20世紀末に非線形物理学者が盛んに研究した非線形非平衡多自由度系そのものである。チャットＧＰＴ発表以来の、これは知能の実現ではないのか、シンギュラリティが起きたのではという狂騒の中で、そんなことはないのになあ、と世の進展を横目で見ていた。かつて一緒に非線形非平衡多自由度系を研究した仲間ならこの本で私が何を書こうとしたかよくわかってくれると思う。

ありていに言ってチャットＧＰＴの登場は衝撃で、こんな何も中身がないはずのスカスカの代物であたかも知能ができてしまったとみまごうばかりの性能が実現してしまったのは正直ショックだった。そして、世界の混乱を前に（元）非線形物理学者としてなにか言っておくべきだろうなと思って書き上げたのが本書だ。本書で述べたことが読者の皆さんがいまのこの数百年に一度かもしれない大変動に対するのにわずかでも役に立ったなら大変うれしい。

もし、本書を手に取ってくださった読者の皆さんが、さらに機械学習について知りたいと思われたら、ぜひ、数多ある類書を参照されたい。ちなみに筆者もこの本が刊行される講談社現代新書の姉妹シリーズである講談社ブルーバックスから『はじめての機械学習』というタイトルの入門書を出しているので、よろしかったら読んでいただけると望外の喜びである。

担当編集の高月順一さんにはいつもながら本書の企画からお世話になり深く感謝しています。

N.D.C. 420　201p　18cm
ISBN978-4-06-538467-1

講談社現代新書　2763

知能(ちのう)とはなにか　ヒトとAI(エーアイ)のあいだ

二〇二五年一月二〇日第一刷発行　二〇二五年六月二日第二刷発行

著　者　田口善弘(たぐちよしひろ)　© Yoshihiro Taguchi 2025

発行者　篠木和久

発行所　株式会社講談社

東京都文京区音羽二丁目一二―二一　郵便番号一一二―八〇〇一

電　話　〇三―五三九五―三五二一　編集（現代新書）
〇三―五三九五―五八一七　販売
〇三―五三九五―三六一五　業務

装幀者　中島英樹／中島デザイン

印刷所　株式会社ＫＰＳプロダクツ

製本所　株式会社ＫＰＳプロダクツ

定価はカバーに表示してあります　Printed in Japan

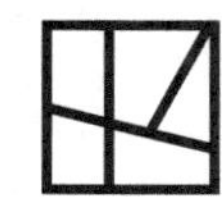

「講談社現代新書」の刊行にあたって

教養は万人が身をもって養い創造すべきものであって、一部の専門家の占有物として、ただ一方的に人々の手もとに配布され伝達されうるものではありません。

しかし、不幸にしてわが国の現状では、教養の重要な養いとなるべき書物は、ほとんど講壇からの天下りや単なる解説に終始し、知識技術を真剣に希求する青少年・学生・一般民衆の根本的な疑問や興味は、けっして十分に答えられ、解きほぐされ、手引きされることがありません。万人の内奥から発した真正の教養への芽ばえが、こうして放置され、むなしく滅びさる運命にゆだねられているのです。

このことは、中・高校だけで教育をおわる人々の成長をはばんでいるだけでなく、大学に進んだり、インテリと目されたりする人々の精神力の健康さえもむしばみ、わが国の文化の実質をまことに脆弱なものにしています。単なる博識以上の根強い思索力・判断力、および確かな技術にささえられた教養を必要とする日本の将来にとって、これは真剣に憂慮されなければならない事態であるといわなければなりません。

わたしたちの「講談社現代新書」は、この事態の克服を意図して計画されたものです。これによってわたしたちは、講壇からの天下りでもなく、単なる解説書でもない、もっぱら万人の魂に生ずる初発的かつ根本的な問題をとらえ、掘り起こし、手引きし、しかも最新の知識への展望を万人に確立させる書物を、新しく世の中に送り出したいと念願しています。

わたしたちは、創業以来民衆を対象とする啓蒙の仕事に専心してきた講談社にとって、これこそもっともふさわしい課題であり、伝統ある出版社としての義務でもあると考えているのです。

一九六四年四月　野間省一

自然科学・医学

哲学・思想Ⅰ

Ⓐ

哲学・思想Ⅱ

経済・ビジネス

- 350 経済学はむずかしくない〈第2版〉——都留重人
- 1596 失敗を生かす仕事術 畑村洋太郎
- 1624 企業を高めるブランド戦略——田中洋
- 1641 ゼロからわかる経済の基本——野口旭
- 1656 コーチングの技術——菅原裕子
- 1926 不機嫌な職場——高橋克徳 河合太介 永田稔 渡部幹
- 1992 経済成長という病——平川克美
- 1997 日本の雇用——大久保幸夫
- 2010 日本銀行は信用できるか 岩田規久男
- 2016 職場は感情で変わる 高橋克徳
- 2036 決算書はここだけ読め!——前川修満
- 2064 決算書はここだけ読め! キャッシュ・フロー計算書編 前川修満
- 2125 ビジネスマンのための「行動観察」入門 松波晴人
- 2148 経済成長神話の終わり アンドリュー・J・サター 中村起子 訳
- 2171 経済学の犯罪——佐伯啓思
- 2178 経済学の思考法——小島寛之
- 2218 会社を変える分析の力 河本薫
- 2229 ビジネスをつくる仕事 小林敬幸
- 2235 20代のための「キャリア」と「仕事」入門——塩野誠
- 2236 部長の資格——米田巖
- 2240 会社を変える会議の力 杉野幹人
- 2242 孤独な日銀——白川浩道
- 2261 変わった世界 変わらない日本——野口悠紀雄
- 2267 「失敗」の経済政策史 川北隆雄
- 2300 世界に冠たる中小企業 黒崎誠
- 2303 「タレント」の時代——酒井崇男
- 2307 AIの衝撃——小林雅一
- 2324 〈税金逃れ〉の衝撃 深見浩一郎
- 2334 介護ビジネスの罠——長岡美代
- 2350 仕事の技法——田坂広志
- 2362 トヨタの強さの秘密 酒井崇男
- 2371 捨てられる銀行——橋本卓典
- 2412 楽しく学べる「知財」入門——稲穂健市
- 2416 日本経済入門——野口悠紀雄
- 2422 捨てられる銀行2 非産運用——橋本卓典
- 2423 勇敢な日本経済論——高橋洋一 ぐっちーさん
- 2425 真説・企業論——中野剛志
- 2426 東芝解体 電機メーカーが消える日 大西康之